Lambacher Schweizer 6

Mathematik für Gymnasien

Baden-Württemberg

Lösungen zum Arbeitsheft

Basiswissen | Quadratische Funktionen und Gleichungen, Seite 3

1

$y = -x^2 + 1 \;\rightarrow\;$ Nullstellen: $x_1 = -1$; $x_2 = 1 \;\rightarrow\; S(0|1)$

$y = -x^2 + 2x - 1 \;\rightarrow\; y = -(x-1)^2 \;\rightarrow\;$ Nullstelle: $x = 1$
$\rightarrow\; S(1|0)$

$y = x^2 - 6x + 5 \;\rightarrow\; y = (x-3)^2 - 4$
$\rightarrow$ Nullstellen: $x_1 = 1$; $x_2 = 5 \;\rightarrow\; S(3|-4)$

$y = x^2 + 4x + 5 \;\rightarrow\; y = (x+2)^2 + 1 \;\rightarrow$ keine Nullstellen
$\rightarrow\; S(-2|1)$

$y = x^2 + 2x \;\rightarrow\; y = x(x+2) \;\rightarrow$ Nullstellen: $x_1 = 0$; $x_2 = -2$
$\rightarrow\; S(-1|-1)$

2

a) $S(0|2)$; $y = -x^2 + 2$
b) $S(0|-1)$; $y = \frac{1}{2}x^2 - 1$
c) $S(2|1)$; $y = (x-2)^2 + 1$
d) $S(-2|0)$; $y = -(x+2)^2$
e) $S(-1|2)$; $y = (x+1)^2 + 2$

3

a) $f(x) = x^2 - 7$
b) $f(x) = (x + 2{,}5)^2$
c) $f(x) = \left(x + \frac{2}{5}\right)^2 + \frac{1}{3}$
d) $f(x) = -(x - 4{,}2)^2$

4

a) $x^2 = 100$; $x_1 = -10$; $x_2 = 10$
b) $2x \cdot (x+2) = 0$; $x_1 = 0$; $x_2 = -2$
c) $x_{1,2} = \frac{-3 \pm \sqrt{9+40}}{2}$; $x_{1,2} = \frac{-3 \pm 7}{2}$; $x_1 = 2$; $x_2 = -5$
d) $x_1 = 4$; $x_2 = -4$
e) $x_{1,2} = \frac{4 \pm \sqrt{16-16}}{2 \cdot \frac{1}{2}}$; $x = 4$
f) $x_{1,2} = \frac{-6 \pm \sqrt{36-120}}{2}$; keine Lösung

Basiswissen | Ähnliche Figuren – Strahlensätze, Seite 4

1

a)

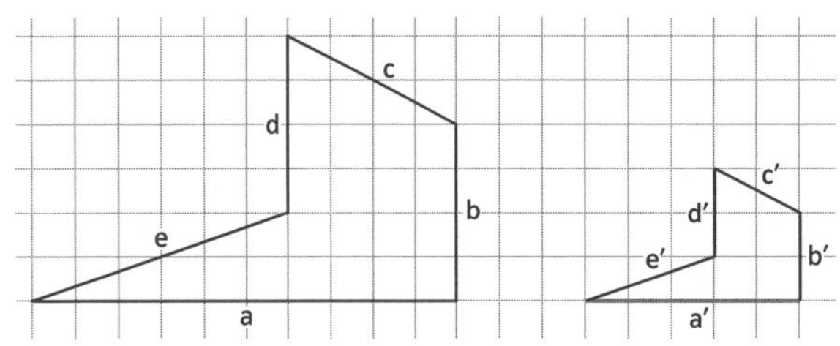

b) gleich; gleich; $\frac{a}{b} = \frac{a'}{b'}$; $\frac{c}{d} = \frac{c'}{d'}$ und $\frac{e}{a} = \frac{e'}{a'}$

2

a) nein b) nein

3

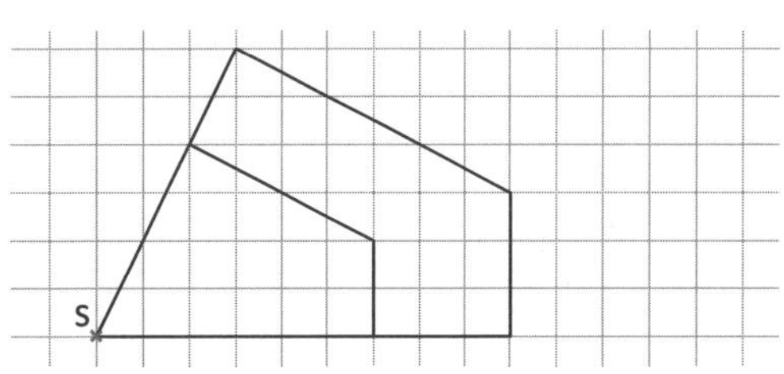

$A_A = 4\,cm^2$; $A_B = 9\,cm^2$

4

$\frac{d+e}{d} = \frac{b+f}{b}$; $\frac{a}{c} = \frac{b+f}{d+e} = \frac{b}{d}$; $\frac{g}{h} = \frac{c}{d}$; $\frac{h}{i} = \frac{b}{b+f} = \frac{d}{d+e}$;
$\frac{b+f}{a} = \frac{i}{g} = \frac{d+e}{c}$

5

linke Spalte: $\overline{SQ} = \frac{80}{3}\,cm$; $\overline{PQ} = 10\,cm$
rechte Spalte: $\overline{SP} = 7\,cm$; $\overline{AB} = 3\,cm$

Basiswissen | Wahrscheinlichkeit, Seite 5

1

a) siehe Figur 1

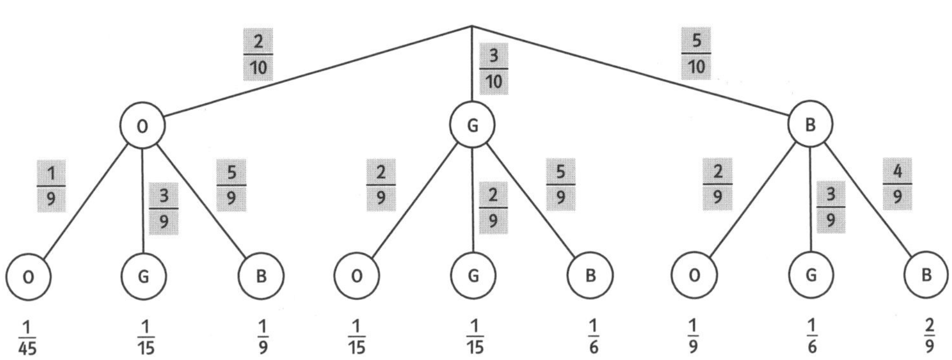

Figur 1

b) $\overline{E}$: Es werden zwei Linsen mit unterschiedlichen Farben gezogen.
$\overline{F}$: Es wird mindestens eine grüne Linse gezogen.
c) $P(E) = \frac{1}{45} + \frac{1}{15} + \frac{2}{9} = \frac{14}{45}$; $P(F) = \frac{1}{45} + \frac{1}{9} + \frac{1}{9} + \frac{2}{9} = \frac{7}{15}$;
$P(E \cap F) = \frac{1}{45} + \frac{2}{9} = \frac{11}{45}$
$P(\overline{E}) = 1 - \frac{14}{45} = \frac{31}{45}$; $P(\overline{F}) = 1 - \frac{7}{15} = \frac{8}{15}$
d) Summenformel:
$P(E \cup F) = P(OO) + P(OB) + P(GG) + P(BO) + P(BB)$
$= \frac{1}{45} + \frac{1}{9} + \frac{1}{15} + \frac{1}{9} + \frac{2}{9} = \frac{8}{15}$
Additionssatz: $P(E \cup F) = P(E) + P(F) - P(E \cap F) = \frac{14}{45} + \frac{7}{15} - \frac{11}{45} = \frac{8}{15}$

2
a)

	macht Sport	macht keinen Sport	gesamt
besucht Sportveranstaltungen	120	120	240
besucht keine Sportveranstaltungen	480	80	560
gesamt	600	200	800

b) Die Wahrscheinlichkeit … beträgt $\frac{120}{800} = 15\,\%$.
c)

	M	$\overline{M}$	gesamt
S	280	320	600
$\overline{S}$	70	130	200
gesamt	350	450	800

d) $M \cup S$: Das Kind ist männlich oder macht Sport.
$P(M \cup S) = \frac{70 + 280 + 320}{800} = \frac{670}{800} = 83{,}75\,\%$

Basiswissen | Wachstumsvorgänge, Seite 6

1
a) 20
b) rund 28,6 %
c) $B(3) = 60$; $B(4) = 36$

2
Herr Krause: $B(3) = 10\,000 \cdot 1{,}045^3 \approx 11\,411{,}66$
Nicole: $B(15) = 2 \cdot B(0)$; $B(0) \cdot a^{15} = 2 \cdot B(0)$;
$a^{15} = 2$; $a \approx 1{,}0473$
Frau Birkenmeier: $B(n) = B(0) \cdot a^n$; $100\,000 = 40\,000 \cdot 1{,}04^n$;
$2{,}5 = 1{,}04^n$; $n = \frac{\log(2{,}5)}{\log(1{,}04)} \approx 23{,}4$
Herrn Krauses Guthaben beträgt nach 3 Jahren 11 411,66 €, Nicoles Zinssatz muss mindestens 4,73 % betragen und Frau Birkenmeiers Guthaben beträgt nach 23,4 Jahren 100 000 €.

3
AHORN, BUCHE, LINDE

4
Links: $\sqrt[2]{\frac{14{,}4}{10}} = 1{,}2$; $\sqrt[7]{\frac{35{,}8}{10}} \approx 1{,}2$; $\sqrt[10]{\frac{61{,}9}{10}} \approx 1{,}2$;
$B(n) = 10 \cdot 1{,}2^n$; exponentielles Wachstum;
$B(20) = 10 \cdot 1{,}2^{20} \approx 383{,}4$

Mitte: $7{,}4 : 2 = 3{,}7$; $25{,}9 : 7 = 3{,}7$; $40{,}7 : 11 = 3{,}7$;
$B(n) = 20 + n \cdot 3{,}7$; lineares Wachstum;
$B(20) = 20 + 20 \cdot 3{,}7 = 94$

Rechts: $B(n+1) = B(n) + c(S - B(n))$
I: $46 = 40 + c(S - 40)$
II: $51{,}4 = 46 + c(S - 46)$
Ia: $6 = cS - 40c$
IIa: $5{,}4 = cS - 46c$
Ia − IIa: $0{,}6 = 6c$; $c = 0{,}1$
Einsetzen in Ia: $S = 100$; $B(n+1) = B(n) + 0{,}1(100 - B(n))$;
beschränktes Wachstum; $B(20) \approx 92{,}7$

Basiswissen | Rechtwinklige Dreiecke, Seite 7

1
Dreieck A: $c = \sqrt{2{,}5^2 + 3{,}5^2}\,\text{cm} \approx 4{,}3\,\text{cm}$; $\tan(\beta) = \frac{2{,}5}{3{,}5}$;
$\beta \approx 35{,}5°$; $\alpha = 90° - \beta \approx 54{,}5°$
Dreieck B: $\alpha = 90° - 55° = 35°$; $\sin(55°) = \frac{c}{4\,\text{cm}}$;
$c \approx 3{,}3\,\text{cm}$; $\sin(35°) = \frac{a}{4\,\text{cm}}$; $a \approx 2{,}3\,\text{cm}$
Dreieck C: $\alpha = 90° - 40° = 50°$; $\tan(40°) = \frac{b}{3\,\text{cm}}$;
$b \approx 2{,}5\,\text{cm}$; $c = \sqrt{3^2 + 2{,}5^2}\,\text{cm} \approx 3{,}9\,\text{cm}$
Dreieck D: $\cos(\alpha) = \frac{2{,}6}{3{,}2}$; $\alpha \approx 35{,}7°$; $\beta = 90° - \alpha \approx 54{,}3°$;
$a = \sqrt{3{,}2^2 - 2{,}6^2}\,\text{cm} \approx 1{,}9\,\text{cm}$

2
a) $\tan(\alpha) = \frac{h}{\frac{d}{2}}$ mit $d = a \cdot \sqrt{2}$; $\tan(\alpha) = \frac{20}{10} \cdot \sqrt{2}$; $\alpha \approx 70{,}5°$
b) $d_F = a \cdot \sqrt{2}$; $d_R = a \cdot \sqrt{3}$; $\sin(\beta) = \sqrt{\frac{2}{3}}$; $\beta \approx 54{,}7°$
c) $\overline{CJ} = \sqrt{\left(\frac{a}{2}\right)^2 + a^2} = \frac{a}{2} \cdot \sqrt{5}$; $\overline{BJ} = \sqrt{a^2 + \frac{a^2}{4} \cdot 5} = \frac{a}{2} \cdot 3$;
$\cos(\varphi)\ \frac{\overline{CJ}}{\overline{BJ}} = \frac{\sqrt{5}}{3}$; $\varphi \approx 41{,}8°$

Basiswissen | Körper, Seite 8

1
a) Die gefärbte Fläche hat die Form eines gleichschenkligen rechtwinkligen Dreiecks.
b) Volumen eines Würfelteils:
$V_1 = \frac{1}{2} \cdot (50\,\text{cm})^3 - \pi \cdot (5\,\text{cm})^2 \cdot 25\,\text{cm} \approx 60\,536{,}5\,\text{cm}^3$
Oberflächeninhalt eines Würfelteils:
$O_1 = (2 \cdot 50 + 50\sqrt{2}) \cdot 50\,\text{cm}^2 + 2 \cdot \frac{1}{2} \cdot (50\,\text{cm})^2 + 2\pi \cdot 5 \cdot 25\,\text{cm}^2$
$\approx 11\,820{,}93\,\text{cm}^2$

2
Kugel → $V = \frac{4}{3} \cdot \pi \cdot r^3$ → $O = 4 \cdot \pi \cdot r^2$
Kegel → $V = \frac{1}{3} \cdot G \cdot h$ → $O = G + M$
Prisma → $V = G \cdot h$ → $O = 2 \cdot G + M$

3
a)
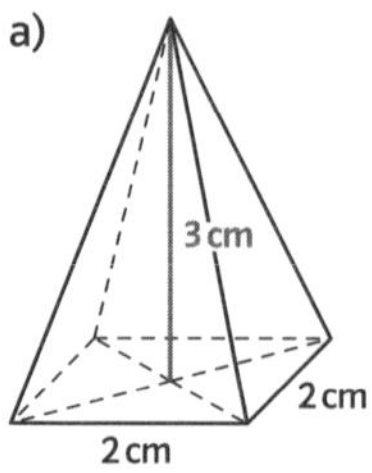

b) $V = \frac{1}{3} \cdot a^2 \cdot h = 4\,\text{cm}^3$
c) $h_1 = \sqrt{h^2 + \left(\frac{a}{2}\right)^2} = \sqrt{10}\,\text{cm} \approx 3{,}16\,\text{cm}$
d) $O = 4 \cdot \frac{1}{2} \cdot a \cdot h_1 + a^2 \approx 16{,}65\,\text{cm}^2$

4

a) $V_{Quader} = 2\,dm \cdot 4\,dm \cdot 6\,dm = 48\,dm^3$;

$V_{Kegel} = \frac{1}{3} \cdot \pi \cdot (2\,dm)^2 \cdot 2\,dm \approx 8{,}38\,dm^3$;

$V = V_{Quader} - V_{Kegel} \approx 39{,}62\,dm^3$

$O_{Quader} = 2 \cdot (2 \cdot 4 + 2 \cdot 6 + 4 \cdot 6)\,dm^2 = 88\,dm^2$;

$A_{Kreis} = \pi \cdot (2\,dm)^2 \approx 12{,}57\,dm^2$;

$M_{Kegel} = \pi \cdot 2\,dm \cdot \sqrt{2^2 + 2^2}\,dm \approx 17{,}77\,dm^2$;

$O = O_{Quader} - A_{Kreis} + M_{Kegel} \approx 93{,}21\,dm^2$

b) $V_{Zylinder} = \pi \cdot (3{,}5\,m)^2 \cdot 10\,m \approx 384{,}85\,m^3$;

$V_{Kegel} = \frac{1}{3} \cdot \pi \cdot (3{,}5\,m)^2 \cdot 7{,}5\,m \approx 96{,}21\,m^3$;

$V = V_{Zylinder} + V_{Kegel} \approx 481{,}06\,m^3$

$A_{Kreis} = \pi \cdot (3{,}5\,m)^2 \approx 38{,}48\,m^2$;

$M_{Zylinder} = 2\pi \cdot 3{,}5\,m \cdot 10\,m \approx 219{,}91\,m^2$;

$M_{Kegel} = \pi \cdot 3{,}5\,m \cdot \sqrt{3{,}5^2 + 7{,}5^2}\,m \approx 91{,}00\,m^2$;

$O = A_{Kreis} + M_{Zylinder} + M_{Kegel} \approx 349{,}39\,m^2$

Basiswissen | Gleichungen lösen, Seite 9

1

a) $3x = -12$; $x = -4$ b) $-20 = 2x$; $x = -10$

c) $7 = 3$; keine Lösung

d) $5x - 3 = 5x - 3$; $0 = 0$; lösbar für alle reellen Zahlen

2

a) $x_{1,2} = \frac{1 \pm \sqrt{1+8}}{2}$; $x_1 = 2$; $x_2 = -1$

b) $2x^2 - 2x + 0{,}5 = 0$; $x = 0{,}5$

c) $-0{,}5x^2 - 3x - 7 = 0$; keine Lösung

3

a) $x^3 = (-5)^3$; $x = -5$ b) $x^4 = 3^4$; $x_1 = 3$; $x_2 = -3$

c) nicht lösbar

d) $x^6 = \left(\sqrt[6]{17{,}4}\right)^6$; $x_1 = \sqrt[6]{17{,}4} \approx 1{,}61$; $x_2 = -\sqrt[6]{17{,}4} \approx -1{,}61$

4

a) $x = 10$ b) $3^{3x} = 3^1$; $x = \frac{1}{3}$

c) $5^x = 5^{2x}$; $x = 0$ d) $10^x = 10^{-4}$; $x = -4$

5

a) $x = \log_6(11) = \frac{\log(11)}{\log(6)} \approx 1{,}338$

b) $3^x = \frac{11}{2}$; $x = \log_3\left(\frac{11}{2}\right) = \frac{\log\left(\frac{11}{2}\right)}{\log(3)} \approx 1{,}552$

c) $\frac{1{,}2^x}{2^x} = 2$; $0{,}6^x = 2$; $x = \log_{0,6}(2) = \frac{\log(2)}{\log(0{,}6)} \approx -1{,}357$

d) $\left(\frac{25}{4}\right)^x = 3$; $x = \log_{\frac{25}{4}}(3) = \frac{\log(3)}{\log\left(\frac{25}{4}\right)} \approx 0{,}599$

6

a) $x^3 = 64 = 4^3$; $x = 4$ b) $x = 5^{-1} = \frac{1}{5}$

c) $x = 10^3 = 1000$ d) $x = \sqrt{19}$

7

a) $\alpha_1 = 0°$; $\alpha_2 = 360°$

b) $\sin(\alpha) = -1$; $\alpha_1 = 270°$

c) $\alpha_1 = 22{,}5°$; $\alpha_2 = 112{,}5°$; $\alpha_3 = 202{,}5°$; $\alpha_4 = 292{,}5°$

d) keine Lösung

Funktionen, Seite 10

1

$f(x) = \frac{4}{x}$ → $f(2) = 2$ → $D_f = \mathbb{R}\setminus\{0\}$ → $P(4\,|\,1)$

$f(x) = \sqrt{9 - x^2}$ → $f(0) = 3$ → $D_f = [-3; 3]$ → $P(3\,|\,0)$

$f(x) = \frac{x^2}{3}$ → $f(3) = 3$ → $D_f = \mathbb{R}$ → $P(0\,|\,0)$

2

a) $f(2) = 6$

b) $D_g = \mathbb{R}\setminus\{4\}$

c) Die Funktion g nimmt an der Stelle −1 den Funktionswert 0 an.

d) Die Definitionsmenge der Funktion g umfasst alle reellen Zahlen außer 0.

e) $f(0) < f(-2)$

f) Die Wertemenge der Funktion g umfasst die reellen Zahlen von 0 bis 10.

3

a) $s(t) = 3 \cdot t$

b) proportionale bzw. lineare

c) $D_s = [0; 210]$

d) $s(15) = 3 \cdot 15 = 45$

Nach 15 Minuten hat der Hubschrauber 45 km zurückgelegt.

4

a) $x^2 - 16 = 0$; $x_1 = 4$; $x_2 = -4$; $D_f = \mathbb{R}\setminus\{-4; 4\}$

b) $4 - x \geqq 0$; $x \leqq 4$; $D_f = (-\infty; 4]$

c) $4 - x^2 \geqq 0$; $x^2 \leqq 4$; $D_f = [-2; 2]$

5

a) $D_h = [0; \infty)$ b) rund 89,90 m

c) 1,755 m d) rund 18,51 m sowie rund 67,49 m

e) 11 m

Mittlere Änderungsrate – Differenzenquotient, Seite 11

1

a) $\frac{f(2) - f(0)}{2 - 0} = \frac{-2 - (-4)}{2} = 1$

b) $\frac{f(2) - f(1)}{2 - 1} = \frac{-2 - (-3{,}5)}{1} = 1{,}5$

c) $\frac{f(2) - f(1{,}9)}{2 - 1{,}9} = \frac{-2 - (-2{,}195)}{0{,}1} = 1{,}95$

d) $\frac{f(-1{,}9) - f(-2)}{-1{,}9 - (-2)} = \frac{-2{,}195 - (-2)}{0{,}1} = -1{,}95$

2

a)

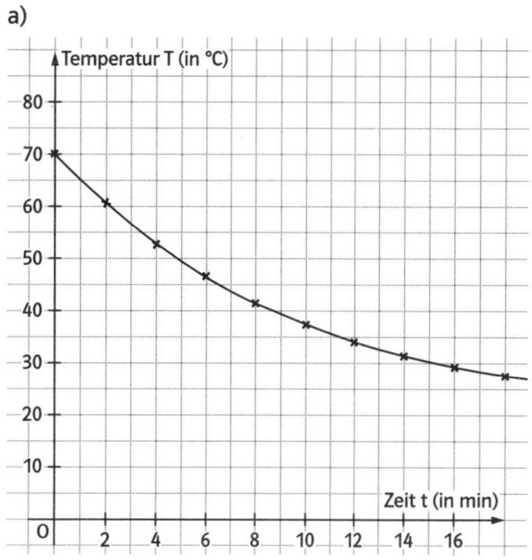

b) $\frac{27{,}5-70}{18-0} \approx -2{,}36 \left(\text{in } \frac{°C}{min}\right)$.

c) Die mittlere Änderungsrate ist negativ, weil die Temperatur abnimmt.

d) Für die ersten zwei Minuten: $\frac{60{,}6-70}{2-0} = -4{,}7 \left(\text{in } \frac{°C}{min}\right)$.

Für die letzten zwei Minuten: $\frac{27{,}5-29{,}3}{18-16} = -0{,}9 \left(\text{in } \frac{°C}{min}\right)$.

e) Der Tee kühlt zuerst schnell, dann immer langsamer ab.

3

a) 45; 10; langsamer

b) Minute 70 bis Minute 90: $\frac{0-500}{90-70} = -25 \left(\text{in } \frac{m}{min}\right)$.

Minute 65 bis Minute 70: $\frac{500-600}{70-65} = -20 \left(\text{in } \frac{m}{min}\right)$.

Momentane Änderungsrate – Ableitung, Seite 12

1

a) In den Punkten A und F ist die Steigung des Graphen negativ, in den Punkten C und E ist sie null und in den Punkten B und D ist die Steigung positiv. Also ist die Steigung in den Punkten C und E gleich.

b) A, F, C, E, B, D bzw. A, F, E, C, B, D

2

a) $h = 0{,}2$: $\frac{f(2+0{,}2)-f(2)}{0{,}2} = \frac{0{,}5\cdot(2+0{,}2)^2-0{,}5\cdot 2^2}{0{,}2} \approx 2{,}1$

$h = 0{,}1$: $\frac{f(2+0{,}1)-f(2)}{0{,}1} = \frac{0{,}5\cdot(2+0{,}1)^2-0{,}5\cdot 2^2}{0{,}1} \approx 2{,}05$

$h = 0{,}01$: $\frac{f(2+0{,}01)-f(2)}{0{,}01} = \frac{0{,}5\cdot(2+0{,}01)^2-0{,}5\cdot 2^2}{0{,}01} \approx 2{,}005$

Vermutlich gilt: $f'(2) = 2$.

b) Steigung der Tangente im Punkt $P(2\,|\,2)$:

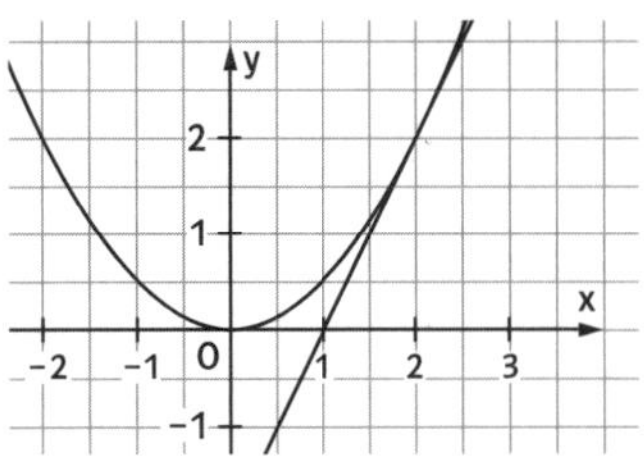

Vermutlich gilt: $f'(2) = 2$.

3

a) $f'(0) = 1$ b) $f'(3) = -2$ c) $f'(-1{,}5) = 1{,}5$

4

Individuelle Lösung; als kleine Werte von h werden hier $h = 0{,}1$ und $h = 0{,}01$ verwendet.

a) $h = 0{,}1$: $\frac{f(1+0{,}1)-f(1)}{0{,}1} = \frac{2\cdot(1+0{,}1)^2-2\cdot 1^2}{0{,}1} \approx 4{,}2$

$h = 0{,}01$: $\frac{f(1+0{,}01)-f(1)}{0{,}01} = \frac{2\cdot(1+0{,}01)^2-2\cdot 1^2}{0{,}01} \approx 4{,}02$

Vermutung: $f'(1) = 4$

b) $h = 0{,}1$: $\frac{f(-1+0{,}1)-f(-1)}{0{,}1} = \frac{\frac{4}{(-1+0{,}1)}-\frac{4}{(-1)}}{0{,}1} \approx -4{,}44$

$h = 0{,}01$: $\frac{f(-1+0{,}01)-f(-1)}{0{,}01} = \frac{\frac{4}{(-1+0{,}01)}-\frac{4}{(-1)}}{0{,}01} \approx -4{,}04$

Vermutung: $f'(-1) = -4$

c) $h = 0{,}1$: $\frac{f(2+0{,}1)-f(2)}{0{,}1} = \frac{2\sqrt{2+0{,}1}-2\sqrt{2}}{0{,}1} \approx 0{,}698$

$h = 0{,}01$: $\frac{f(2+0{,}01)-f(2)}{0{,}01} = \frac{2\sqrt{2+0{,}01}-2\sqrt{2}}{0{,}01} \approx 0{,}706$

Vermutung: $f'(2) = \frac{\sqrt{2}}{2} \approx 0{,}707$

5

Ableitung positiv für $x_0 = 0{,}5$ und $x_0 = 3$;
Ableitung negativ für $x_0 = -2$ und $x_0 = -1$;
Ableitung null für $x_0 = 0$

Ableitung berechnen (1), Seite 13

1

a) $\frac{f(-1+h)-f(-1)}{h} = \frac{4\cdot(-1+h)^2-4\cdot(-1)^2}{h} = \frac{4\cdot(1-2h+h^2)-4}{h}$

$= \frac{4-8h+4h^2-4}{h} = \frac{-8h+4h^2}{h} = \frac{h\cdot(-8+4h)}{h} = -8+4h \to -8$ für $h \to 0$

Man erhält für die Ableitung $f'(-1) = -8$.

b) $\frac{f(2+h)-f(2)}{h} = \frac{\frac{2}{2+h}-\frac{2}{2}}{h} = \frac{\frac{2}{2+h}-1}{h} = \frac{\frac{2}{2+h}-\frac{2+h}{2+h}}{h} = \frac{\frac{2-2-h}{2+h}}{h} = -\frac{\frac{h}{2+h}}{h}$

$= -\frac{h}{2+h}\cdot\frac{1}{h} = -\frac{1}{2+h} \to -\frac{1}{2}$ für $h \to 0$

Man erhält für die Ableitung $f'(2) = -\frac{1}{2}$.

c) $\frac{f(-2+h)-f(-2)}{h} = \frac{-(-2+h)^2-2-\left(-(-2)^2-2\right)}{h}$

$= \frac{-(4-4h+h^2)-2-(-4-2)}{h} = \frac{-4+4h-h^2-2+6}{h} = \frac{4h-h^2}{h} = \frac{h\cdot(4-h)}{h}$

$= 4-h \to 4$ für $h \to 0$

Man erhält für die Ableitung $f'(-2) = 4$.

2

a) $m = f'(1)$

$\frac{f(1+h)-f(1)}{h} = \frac{(1+h)^2+(1+h)-(1^2+1)}{h} = \frac{1+2h+h^2+1+h-1-1}{h} = \frac{3h+h^2}{h}$

$= \frac{h\cdot(3+h)}{h} = 3+h \to 3$ für $h \to 0$

$m = f'(1) = 3$; also $y = 3x + c$.

Einsetzen der Koordinaten von $P(1\,|\,2)$: $2 = 3\cdot 1 + c$; $c = -1$

Die Tangente hat die Gleichung $y = 3x - 1$.

b) $y = mx + c$; $m = f'(-2)$

$\frac{f(-2+h)-f(-2)}{h} = \frac{-\frac{1}{-2+h}-\left(-\frac{1}{-2}\right)}{h} = \frac{\frac{1}{2-h}-\frac{1}{2}}{h} = \frac{\frac{2}{2(2-h)}-\frac{2-h}{2(2-h)}}{h} = \frac{\frac{2-2+h}{2(2-h)}}{h}$

$= \frac{\frac{h}{2(2-h)}}{h} = \frac{h}{2(2-h)}\cdot\frac{1}{h} = \frac{1}{2(2-h)} = \frac{1}{4-2h} \to \frac{1}{4}$ für $h \to 0$

$m = f'(-2) = \frac{1}{4}$; also $y = \frac{1}{4}x + c$.

Einsetzen der Koordinaten von $P\left(-2\,\middle|\,\frac{1}{2}\right)$: $\frac{1}{2} = \frac{1}{4}\cdot(-2) + c$;

$c = 1$

Die Tangente hat die Gleichung $y = \frac{1}{4}x + 1$.

3

$f'(0) = 2 \to P(0\,|\,0) \to t(x) = 2x$
$f'(1) = -1 \to P(1\,|\,-0{,}5) \to t(x) = -x + 0{,}5$
$f'(0) = 0 \to P(0\,|\,2) \to t(x) = 2$
$f'(1) = 1 \to P(1\,|\,0{,}5) \to t(x) = x - 0{,}5$

Ableitung berechnen (2), Seite 14

1

a) Durchschnittsgeschwindigkeit; momentanen Geschwindigkeit

b) $30\frac{m}{s}$; $10\frac{m}{s}$

Nebenrechnungen: $\frac{a(2)-a(0)}{2-0} = \frac{60-0}{2} = 30$;

$\frac{a(4)-a(2)}{4-2} = \frac{80-60}{2} = 10$

c) $20\,\frac{m}{s}$

Nebenrechnung: $\frac{a(2+h) - a(2)}{h} = \frac{-5 \cdot (2+h)^2 + 40 \cdot (2+h) - 60}{h}$

$= \frac{-5 \cdot (4 + 4h + h^2) + 80 + 40h - 60}{h} = \frac{20h - 5h^2}{h} = 20 - 5h \to 20$

für $h \to 0$

d) Bei Start und Landung ist die Flugkurve am steilsten, der Betrag der Geschwindigkeit also am größten.

2

a) 40 m

b) $4\,\frac{m}{s}$, da $\frac{s(10) - s(0)}{10 - 0} = \frac{40 - 0}{10} = 4$

c) Gesucht ist $s'(10)$.

$\frac{s(10+h) - s(10)}{h} = \frac{0{,}4 \cdot (10+h)^2 - 0{,}4 \cdot 10^2}{h} = \frac{0{,}4 \cdot (100 + 20h + h^2) - 40}{h}$

$= \frac{8h + 0{,}4h^2}{h} = \frac{h \cdot (8 + 0{,}4h)}{h} = 8 + 0{,}4h \to 8$ für $h \to 0$

$s'(10) = 8$

Nach 10 s hat der Schlittenfahrer die Geschwindigkeit $8\,\frac{m}{s}$.

3

a) [5; 10]; Benzinmenge; km; Benzinverbrauch; Benzinverbrauch; 10

b) [5; 10]; der geförderten Ölmenge pro Zeit von Stunde 5 bis 10; Fördergeschwindigkeit; Fördergeschwindigkeit (nach 10 Stunden)

Ableitungsfunktion, Seite 15

1

Graphen der Ableitungsfunktionen von links nach rechts:

B; D; A; C

2

a) $\frac{f(x_0+h) - f(x_0)}{h} = \frac{-2(x_0+h)^2 - (-2x_0^2)}{h} = \frac{-2(x_0^2 + 2x_0h + h^2) + 2x_0^2}{h}$

$= \frac{-2x_0^2 - 4x_0h - 2h^2 + 2x_0^2}{h} = \frac{-4x_0h - 2h^2}{h} = \frac{h(-4x_0 - 2h)}{h}$

$= -4x_0 - 2h \to -4x_0$ für $h \to 0$

Funktionsgleichung von f': $f'(x) = -4x$

b) $\frac{f(x_0+h) - f(x_0)}{h} = \frac{4(x_0+h)^2 + 4 - (4x_0^2 + 4)}{h} = \frac{4(x_0^2 + 2x_0h + h^2) + 4 - 4x_0^2 - 4}{h}$

$= \frac{4x_0^2 + 8x_0h + 4h^2 - 4x_0^2}{h} = \frac{8x_0h + 4h^2}{h} = 8x_0 + 4h \to 8x_0$ für $h \to 0$

Funktionsgleichung von f': $f'(x) = 8x$

3

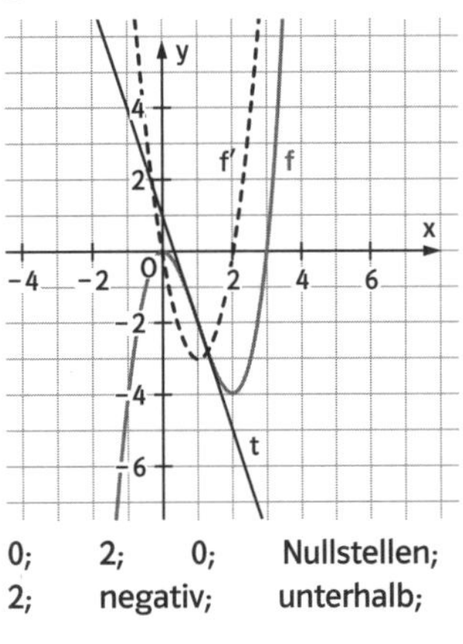

0; 2; 0; Nullstellen; 2; oberhalb;
2; negativ; unterhalb; −2; −3

Ableitungsregeln, Seite 16

1

a) $f'(x) = 4x^3$

b) $f'(x) = -3x^{-4} = -\frac{3}{x^4}$

c) $f'(x) = 8x$

d) $f(x) = x^{-2}$; $f'(x) = -2x^{-3} = -\frac{2}{x^3}$

e) $f'(x) = 12x^5 + 3x^2$

f) $f'(x) = x^3 + 4x^{-5} = x^3 + \frac{4}{x^5}$

g) $f'(x) = 2{,}5x^4 - 6x^2$

h) $f(x) = 4x^{-4} + x^{-2}$; $f'(x) = -16x^{-5} - 2x^{-3} = -\frac{16}{x^5} - \frac{2}{x^3}$

2

$f(x) = x^2 + tx \to f'(x) = 2x + t$

$f(x) = tx^2 + tx \to f'(x) = 2tx + t$

$f(x) = x^2 - t^2x \to f'(x) = 2x - t^2$

$f(t) = tx^2 + tx \to f'(t) = x^2 + x$

$f(t) = x^2 - t^2x \to f'(t) = -2tx$

$f(t) = tx^2 - t^2x \to f'(t) = x^2 - 2tx$

3

b) falsch; $f'(x) = -6x^{-7}$;
Exponent wurde erhöht statt vermindert

c) richtig

d) falsch; $f'(x) = \frac{4}{3}x - 4$; Vorfaktor war falsch

e) falsch; $f'(t) = x^2$;
es wurde nach x statt nach t abgeleitet

4

a) $f(x) = x^3 - 2x^2$; $f'(x) = 3x^2 - 4x$

b) $f(x) = (x^2 + 4x + 4) \cdot 5 = 5x^2 + 20x + 20$; $f'(x) = 10x + 20$

c) $f(x) = \frac{1}{2}(x^2 - 8x + 16) = \frac{1}{2}x^2 - 4x + 8$; $f'(x) = x - 4$

d) $f(x) = x^2 - 2x + 3x - 6 = x^2 + x - 6$; $f'(x) = 2x + 1$

e) $f(x) = x^2 - 25$; $f'(x) = 2x$

f) $f(x) = 4 \cdot (x^6 + 3x^2) = 4x^6 + 12x^2$; $f'(x) = 24x^5 + 24x$

5

a) $f(x) = x^5 + c$; $c \in \mathbb{R}$

b) $f(x) = \frac{1}{3}x^3 + c$; $c \in \mathbb{R}$

c) $f(x) = 4x + c$; $c \in \mathbb{R}$

d) $f(x) = x^3 + x^2 + c$; $c \in \mathbb{R}$

Die Konstante c kann beliebig aus $\mathbb{R}$ sein.

6

Steigung der Tangente: $m = f'(1)$

$f'(x) = 6x^2 + 3$

$m = f'(1) = 6 \cdot 1^2 + 3 = 9$

y-Koordinate des Berührpunktes P: $f(1) = 2 \cdot 1^3 + 3 \cdot 1 = 5$

Tangentengleichung allgemein: $y = m \cdot x + c$

Einsetzen der Steigung m und der Koordinaten von P:

$5 = 9 \cdot 1 + c$; $c = -4$

Die Tangente hat die Gleichung $y = 9x - 4$.

Abhängigkeit und Änderung – Ableitung | Merkzettel, Seite 17

■ **Text:** x; wert

Beispiele: $f(x) = \frac{3}{x-2}$; $D_f = \mathbb{R} \setminus \{2\}$

Text: mittlere; Ableitung; momentane; differenzierbar; Tangente

Beispiele: $\frac{f(1) - f(0)}{1} = \frac{4 - 3}{1} = 1$

$f'(0) = 2$; $f'(1) = 0$

Tangente t: $y = 2x + 3$

Text: Ableitung

Beispiele:

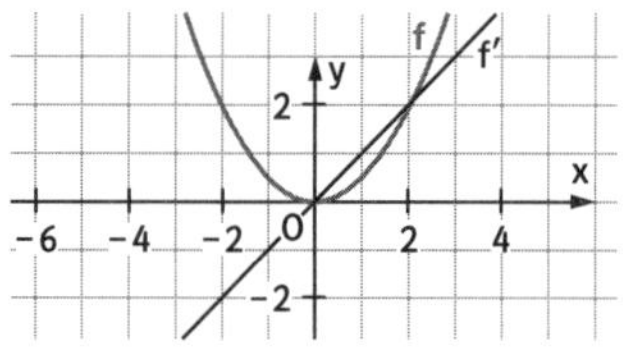

Text: Grenzwertes

Beispiele: $\frac{0{,}5(x_0 + h)^2 - 0{,}5x_0^2}{h} = \frac{0{,}5(x_0^2 + 2x_0h + h^2) - 0{,}5x_0^2}{h}$

$= \frac{0{,}5x_0^2 + x_0h + 0{,}5h^2 - 0{,}5x_0^2}{h} = \frac{h(x_0 + 0{,}5h)}{h} = x_0 + 0{,}5h \to x_0$ für $h \to 0$

Also gilt $f'(x) = x$.

Text: z; r

Beispiele: $f(x) = x^{0,5}$; $f'(x) = 0{,}5x^{-0,5}$

$f(x) = x^{-3}$; $f'(x) = -3x^{-4}$

$f(x) = 2x^3$; $f'(x) = 6x^2$

$f(x) = x^{-1} + 3x^2$; $f'(x) = -x^{-2} + 6x$

Charakteristische Punkte eines Graphen, Seite 18

1

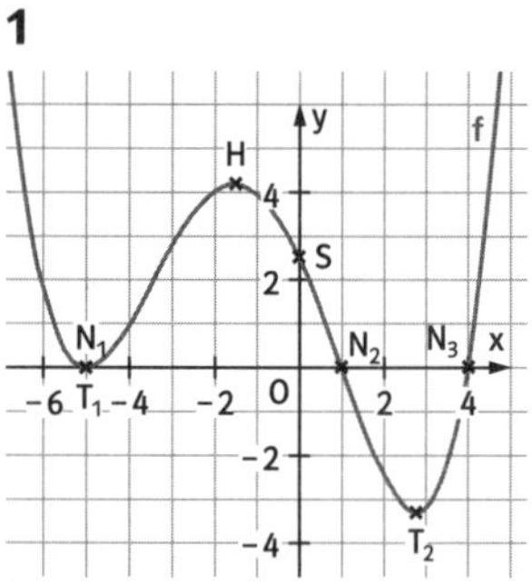

$H(-1{,}5\,|\,4{,}25)$; $T_1(-5\,|\,0)$; $T_2(2{,}8\,|\,-3{,}2)$; $N_1(-5\,|\,0) = T_1$; $N_2(1\,|\,0)$; $N_3(4\,|\,0)$; $S(0\,|\,2{,}5)$

Nullstellen:

$x_1 = -5$; $x_2 = 1$; $x_3 = 4$

2

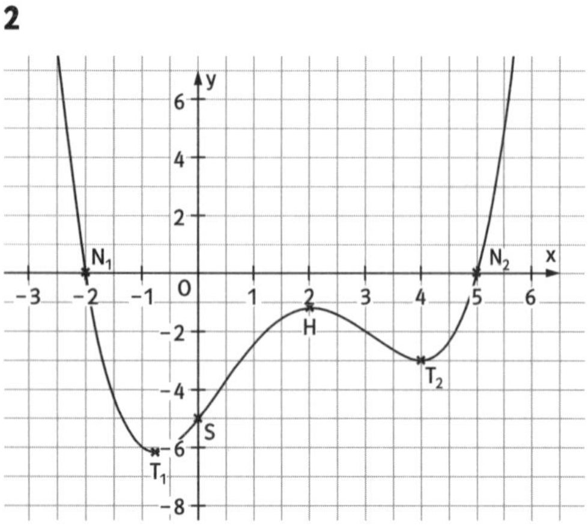

$f(x) = (x - 5) \cdot (x + 2) \cdot ((x - 2)^2 + 1) \cdot 0{,}1$

3

$T(-2\,|\,-4)$; $H(3\,|\,8{,}5)$; $N_1(-3{,}49\,|\,0)$; $N_2(-0{,}11\,|\,0)$; $N_3(5{,}10\,|\,0)$; $S\left(0\,\middle|\,\frac{2}{5}\right)$

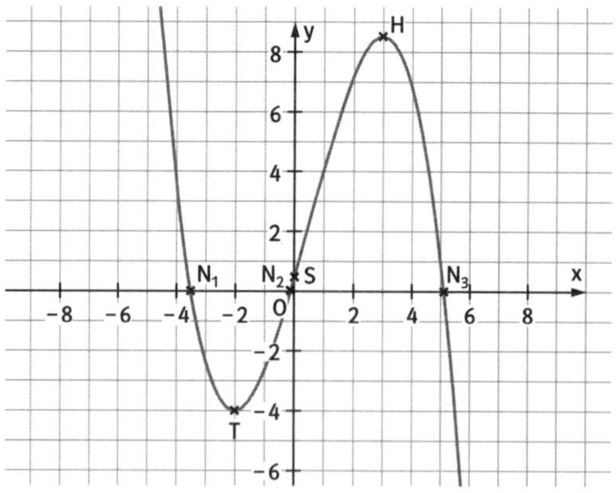

4

Lösungswort: SPECHT

Nullstellen, Seite 19

1

a) U b) T c) O

d) P e) F f) M

g) C h) D i) A

Lösungswort: HELSINKI

2

a) Gleichung $3x^3 + 10x^2 - 8x = 0$

Ausklammern: $x \cdot (3x^2 + 10x - 8) = 0$; $x_1 = 0$

Lösen der verbleibenden Gleichung: $3x^2 + 10x - 8 = 0$

$x_{2,3} = \frac{-10 \pm \sqrt{100 + 96}}{6}$; $x_2 = -4$; $x_3 = \frac{2}{3}$

b) Gleichung $\frac{1}{2}x^4 - 5x^2 + 12 = 0$; Substitution: $u = x^2$

Gleichung $\frac{1}{2}u^2 - 5u + 12 = 0$

Lösen der Gleichung: $u_{1,2} = \frac{5 \pm \sqrt{25 - 24}}{1}$; $u_1 = 6$; $u_2 = 4$

$x_1 = \sqrt{6}$; $x_2 = -\sqrt{6}$; $x_3 = 2$; $x_4 = -2$

3

Der Wagen verringert seine Geschwindigkeit zwischen Sekunde 4 und Sekunde 7. Seine Geschwindigkeit erreicht Höchstwerte nach 4 s und nach 12 s. Tiefstwerte hat die Geschwindigkeit bei 0 s und 7 s.

4

abc-Formeln: f_5

Substitution: f_3, f_4, f_6, f_7

Ausklammern: f_1, f_2, f_4, f_7, f_8, f_9, f_{10}

Monotonie, Seite 20

1

a) monoton b) nicht monoton c) streng monoton

d) streng monoton e) nicht monoton f) monoton

g) streng monoton

2

a)

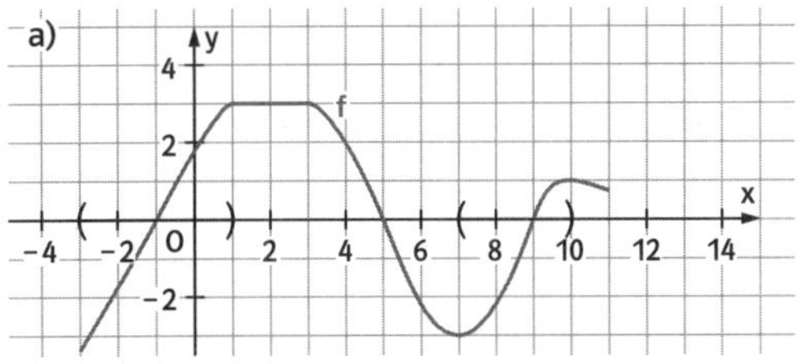

(−3; 1) und (7; 10)

b)

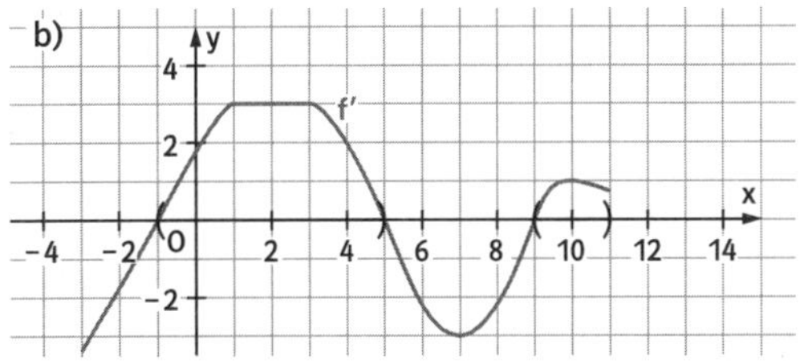

(−1; 5) und (9; 11)

3

a) $D_f = \mathbb{R}$

Ableitung von f: $f'(x) = 3x^2 - 6x$; $D_{f'} = \mathbb{R}$

Bestimmung der Nullstellen von f': $3x^2 - 6x = 0$

Ausklammern: $3x \cdot (x - 2) = 0$

Nullstellen: $x_1 = 0$; $x_2 = 2$

Monotonieintervalle: $I_1 = (-\infty; 0)$; $I_2 = (0; 2)$; $I_3 = (2; \infty)$

Wegen $f'(-1) = 9 > 0$ nimmt f' in I_1 nur positive Werte an.

Nach dem Monotoniesatz ist f in I_1 streng monoton wachsend.

Ebenso gilt: $f'(1) = -3 < 0$. f ist in I_2 streng monoton fallend.

$f'(3) = 9 > 0$. f ist in I_3 streng monoton wachsend.

b) $D_f = \mathbb{R}$

Ableitung von f: $f'(x) = -6x^2 + 30$; $D_{f'} = \mathbb{R}$

Bestimmung der Nullstellen von f': $-6x^2 + 30 = 0$; $x^2 = 5$

Nullstellen: $x_1 = -\sqrt{5}$; $x_2 = \sqrt{5}$

Monotonieintervalle: $I_1 = (-\infty; -\sqrt{5})$; $I_2 = (-\sqrt{5}; \sqrt{5})$;

$I_3 = (\sqrt{5}; \infty)$

Wegen $f'(-3) = -24 < 0$ nimmt f' in I_1 nur negative Werte an.

Nach dem Monotoniesatz ist f in I_1 streng monoton fallend.

Ebenso gilt: $f'(0) = 30 > 0$. f ist in I_2 streng monoton wachsend.

$f'(3) = -24 < 0$. f ist in I_3 streng monoton fallend.

4

a) „… ihre Ableitung hat aber eine Nullstelle bei $x = 0$."

b) „…, aber nicht für Funktionen mit Definitionslücken, wie …"

Hoch- und Tiefpunkte (1), Seite 21

1

Die Nullstellen von f' sind: $x_1 = -4$; $x_2 = 1$; $x_3 = 3$.

Nullstelle	−4	1	3
(x − 1)	−	− nach +	+
(x + 4)	− nach +	+	+
$(x-3)^2$	+	+	+
f'(x)	+ nach −	− nach +	+

Ergebnis: An der Stelle −4 hat der Graph von f einen Hochpunkt. An der Stelle 1 hat der Graph von f einen Tiefpunkt und an der Stelle 3 einen Sattelpunkt.

2

a) Ableitung: $f'(x) = 4x^3 - 12x$

Nullstellen von f' bestimmen: $4x^3 - 12x = 0$

Faktorisieren: $4x \cdot (x^2 - 3) = 0$

Nullstellen von f': $x_1 = 0$; $x_2 = -\sqrt{3}$; $x_3 = \sqrt{3}$

Nullstelle	0	$-\sqrt{3}$	$\sqrt{3}$
4x	− nach +	−	+
$(x^2 - 3)$	−	+ nach −	− nach +
f'(x)	+ nach −	− nach +	− nach +

$f(0) = 3$; $H(0|3)$

$f(-\sqrt{3}) = -6$; $T_1(-\sqrt{3}|-6)$

$f(\sqrt{3}) = -6$; $T_2(\sqrt{3}|-6)$

b) Ableitung: $f'(x) = 2x^3 + 4x^2 - 6x$

Nullstellen von f' bestimmen: $2x^3 + 4x^2 - 6x = 0$;

$2x \cdot (x^2 + 2x - 3) = 0$

Nullstellen von f':

$x_1 = 0$; $x_{2,3} = \frac{-2 \pm \sqrt{4+12}}{2}$; $x_2 = 1$; $x_3 = -3$

Faktorisieren: $f'(x) = 2x \cdot (x - 1) \cdot (x + 3)$

Nullstelle	0	1	−3
2x	− nach +	+	−
(x − 1)	−	− nach +	−
(x + 3)	+	+	− nach +
f'(x)	+ nach −	− nach +	− nach +

$f(0) = 5$; $H(0|5)$

$f(1) = \frac{23}{6}$; $T_1\left(1\middle|\frac{23}{6}\right)$

$f(-3) = -\frac{35}{2}$; $T_2\left(-3\middle|-\frac{35}{2}\right)$

3

a)

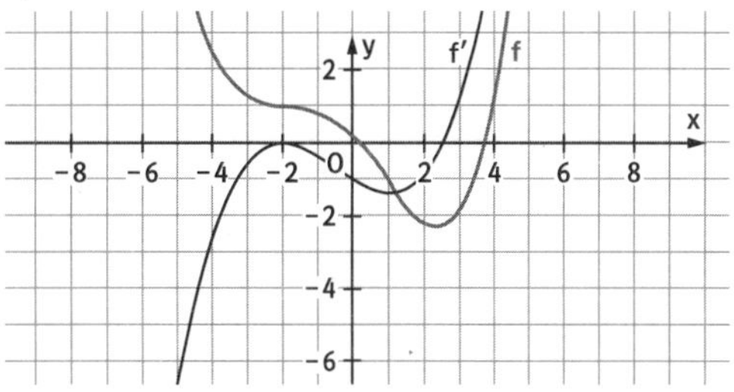

b)

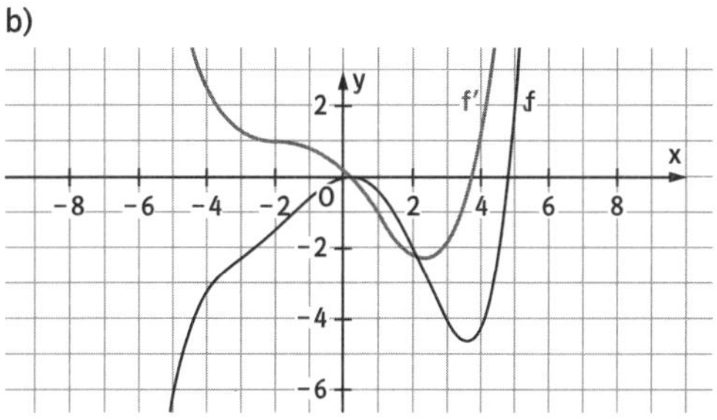

Hoch- und Tiefpunkte (2), Seite 22

1

f: vierter Graph von links
g: dritter Graph von links
h: erster Graph von links

2

Nullstellen von f': $f'(x) = 3x^2 - 6x - 9$; $\quad 3x^2 - 6x - 9 = 0$;

$x_{1,2} = \frac{2 \pm \sqrt{4+12}}{2}$; $\quad x_1 = -1$; $\quad x_2 = 3$

Nullstelle	−1	+3
(x + 1)	− nach +	+
(x − 3)	−	− nach +
f'(x)	+ nach −	− nach +

Bei $x_1 = -1$ hat f' einen Vorzeichenwechsel von + nach −.
Bei $x_2 = 3$ hat f' einen Vorzeichenwechsel von − nach +.
Extrempunkte: H(−1 | 0) und T(3 | −32)

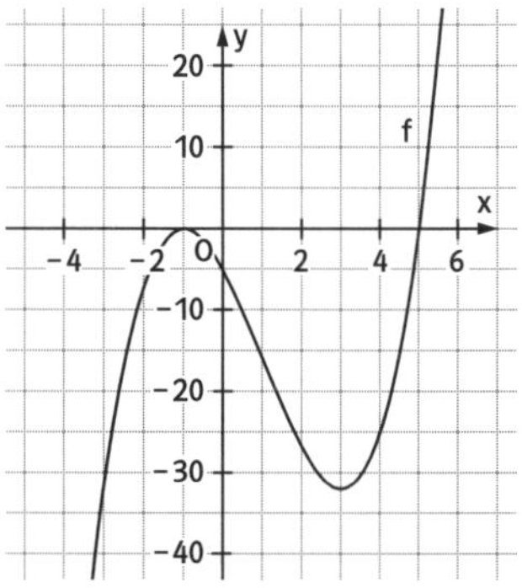

3

Die gesuchten Extremstellen sind die Nullstellen von f_a' mit Vorzeichenwechsel.
Ableitung: $f_a'(x) = 3ax^2 - 12x$
Nullstellen von f_a': $3ax^2 - 12x = 0$; $\quad 3x \cdot (ax - 4) = 0$;

$x_1 = 0$; $\quad x_2 = \frac{4}{a}$

f_a' hat bei $x_1 = 0$ einen Vorzeichenwechsel von + nach − und bei $x_2 = \frac{4}{a}$ wegen $a > 0$ einen Vorzeichenwechsel von − nach +.

Berechnung der Extremwerte:

$f_a(0) = 4$; $\quad f_a\left(\frac{4}{a}\right) = a \cdot \frac{64}{a^3} - 6 \cdot \frac{16}{a^2} + 4 = -\frac{32}{a^2} + 4$

Der Graph von f_a hat die Extrempunkte H(0 | 4) und $T\left(\frac{4}{a} \,\middle|\, 4 - \frac{32}{a^2}\right)$.

Extremwerte – lokal und global, Seite 23

1

a) Lokale Extrempunkte: $T_1(-1|0)$; $\quad H_1(2|4)$; $\quad T_2(4|-3)$;
$H_2(7|3)$; $\quad T_3(11|-1)$; $\quad H_3(12|1)$
Globale Extrempunkte: $H_1(2|4)$; $\quad T_2(4|-3)$
Globales Maximum: 4 $\quad$ Lokale Maxima: 4; 3; 1
Randextrema: 0; 1 $\quad$ Randmaximum: 1
b) Lokale Extrempunkte: T(3 | −2); $\quad$ H(5 | 2)
Globales Maximum: existiert nicht

2

Q(90 | 90); $\quad$ R(120 | 45)
Berechnung der Gleichung der Geraden durch Q und R:
Ansatz $y = m \cdot x + c$;

Steigung $m = \frac{45 - 90}{120 - 90} = -1{,}5$; $\quad y = -1{,}5 \cdot x + c$

Koordinaten von Q einsetzen: $90 = -1{,}5 \cdot 90 + c$; $\quad c = 225$;
$y = -1{,}5 \cdot x + 225$
Zusammenhang zwischen v und u: $v = -1{,}5 \cdot u + 225$
$A = A(u) = u \cdot v = u \cdot (-1{,}5 \cdot u + 225)$ für $90 \leq u \leq 120$.
Der maximale Flächeninhalt ergibt sich für $u = 90$.
Die Fläche der Platte beträgt dann $8100\,\text{cm}^2$.

3

a) T(−5 | −68,75); $\quad$ H(0 | 0)
b) T(4 | −8)
c) $H_1(0|0)$; $\quad H_2(6|0)$; $\quad T(4|-8)$
d) keine globalen Extrema

Extremwerte bei Anwendungsaufgaben, Seite 24

1

$V_{Regal} = x \cdot 30 \cdot 5h = 150 \cdot h \cdot x$; $\quad$ x und h in cm.
Aufstellen einer Bedingung, die die Variablen x und h erfüllen müssen: $6x + 10h = 600$
$h(x) = 60 - 0{,}6x$
$V_{Regal} = V(x) = 150 \cdot (60 - 0{,}6x) \cdot x = -90x^2 + 9000x$, $\quad 0 \leq x \leq 100$.
Bestimmung der Extremwerte der Funktion V(x):
Ableitungen: $V'(x) = -180x + 9000$; $\quad V''(x) = -180$
Ableitung null setzen ($V'(x) = 0$): $-180x + 9000 = 0$; $\quad x_1 = 50$;
$V''(50) = -180 < 0$; lokales Maximum bei $x = 50$ ist auch das globale Maximum $V(50) = 225\,000$
Das größtmögliche Volumen des Regals beträgt $225\,000\,\text{cm}^3$.
Es ergibt sich bei einer Breite x von 50 cm und einer Höhe h von 30 cm. Für die waagerechten Bretter werden genau 50 % des gesamten Holzes benötigt.

2

Allgemein gilt: $O_{Zylindermantel} = 2\pi x \cdot h$ und $O_{Kugel} = 4\pi x^2$.
Damit ergibt sich: $O_{Kapsel} = 2\pi x \cdot h + 4\pi x^2$.
Aufstellen einer Bedingung, die die Variablen x und h erfüllen müssen: $V_{Zylinder} = \pi x^2 \cdot h$, $V_{Kugel} = \frac{4}{3}\pi x^3$ und somit

$V_{Kapsel}(x) = \pi x^2 \cdot h(x) + \frac{4}{3}\pi x^3$, $\quad x > 0$.

Kapselvolumen $500\,\text{mm}^3$; $\quad h(x) = \frac{500 - \frac{4}{3}\pi x^3}{\pi x^2}$

$O_{Kapsel} = O(x) = 2\pi x \cdot \frac{500 - \frac{4}{3}\pi x^3}{\pi x^2} + 4\pi x^2 = \frac{1000}{x} + \frac{4\pi}{3} \cdot x^2$,

$0 < x \leq \sqrt[3]{500 \cdot \frac{3}{4} \cdot \frac{1}{\pi}}$

Die kleinstmögliche Oberfläche beträgt rund $305\,\text{mm}^2$.
Sie ergibt sich bei einem Radius von rund 4,9 mm und einer Höhe h von 0 mm. Eine solche Kapsel hat die geometrische Form einer Kugel.

Verhalten eines Graphen für große x, Seite 25

1

siehe Tabelle 1

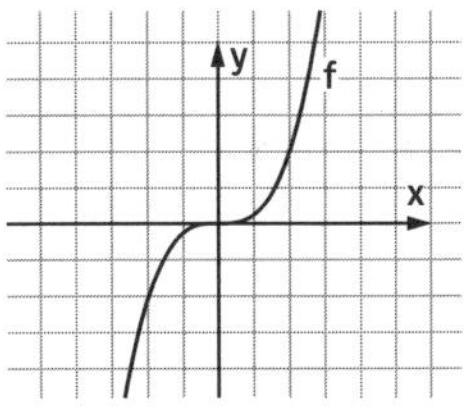

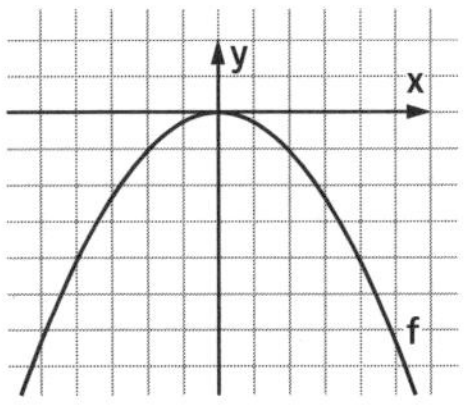

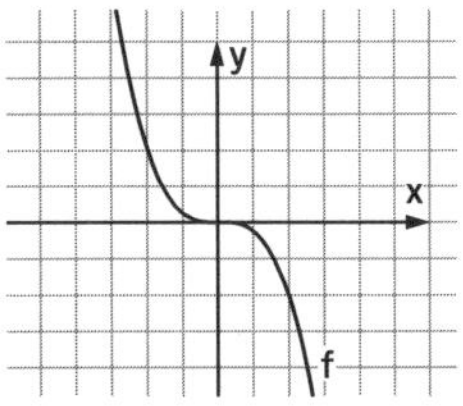

2

a) Für $x \to -\infty$ gilt: $f(x) \to -\infty$. Für $x \to +\infty$ gilt: $f(x) \to -\infty$.
b) Für $x \to -\infty$ gilt: $f(x) \to -\infty$. Für $x \to +\infty$ gilt: $f(x) \to +\infty$.
c) Für $x \to -\infty$ gilt: $f(x) \to 0$. Für $x \to +\infty$ gilt: $f(x) \to 0$.
d) Für $x \to -\infty$ gilt: $f(x) \to +\infty$. Für $x \to +\infty$ gilt: $f(x) \to -\infty$.

3

a) $f(x) = 3 - x - 6x^2 + 2x^3 = 2x^3 - 6x^2 - x + 3$
Für $x \to -\infty$ gilt: $f(x) \to -\infty$. Für $x \to +\infty$ gilt: $f(x) \to +\infty$.
b) $f(x) = -\frac{1}{5}x^4 + 25x^3 - \frac{45}{2}x$
Für $x \to -\infty$ gilt: $f(x) \to -\infty$. Für $x \to +\infty$ gilt: $f(x) \to -\infty$.
c) $f(x) = \frac{4}{x} - \frac{3}{x^4}$
Für $x \to -\infty$ gilt: $f(x) \to 0$. Für $x \to +\infty$ gilt: $f(x) \to 0$.
Die x-Achse ist Asymptote des Graphen von f.

4

a) Für $x \to -\infty$ gilt: $f(x) \to +\infty$. Für $x \to +\infty$ gilt: $f(x) \to -\infty$.
b) f ist nur in einem kleinen Ausschnitt gezeichnet ($-7 \leqq x \leqq 7$; $-6 \leqq y \leqq 6$); im größeren Ausschnitt ($-10 \leqq x \leqq 50$; $-500 \leqq y \leqq 2000$) zeigt der Graph von f das Verhalten der Teilaufgabe a).

5

a) $f'(x) = a \cdot b \cdot x^{b-1}$
b) Dann folgt: Für $x \to -\infty$ gilt $f'(x) \to -\infty$ und für $x \to +\infty$ gilt $f'(x) \to +\infty$.
c) Dann folgt: Für $x \to -\infty$ gilt $f'(x) \to -\infty$ und für $x \to +\infty$ gilt $f'(x) \to -\infty$.

Eigenschaften von Funktionen | Merkzettel, Seite 26

■ **Text:** Achsen; Hoch; Nullstelle; lokales Minimum; Extremstelle
Beispiele: Schnittpunkte mit den Achsen:
$N_1(-3\,|\,0)$; $N_2(1\,|\,0)$; $N_3(3\,|\,0)$; $S(0\,|\,1)$
Extremstellen: -2; 2
Lokales Minimum: -1; 3 ist ein lokales Maximum.

■ **Text:** abc
Beispiele: Gleichung: $x^3 - 3x^2 = 0$
Ausklammern: $x^2 \cdot (x - 3) = 0$
Ergebnis: $x_1 = 0$; $x_2 = 3$

■ **Text:** wachsend; $f'(x) > 0$; streng monoton
Beispiele: $g'(x) = 2x - 5$; bei $x = 2{,}5$ wechselt g' sein Vorzeichen von − nach +; g ist streng monoton wachsend in $[2{,}5; \infty)$ und streng monoton fallend in $(-\infty; 2{,}5]$.

■ **Text:** +; −; Sattelpunkt
Beispiele: $f'(x) = 3x^2 - 6x = 3x \cdot (x - 2)$;
$f'(x) = 0$ hat die Lösungen $x_1 = 0$; $x_2 = 2$.
Bei $x_1 = 0$ wechselt f' sein Vorzeichen von + nach −,
bei $x_2 = 2$ von − nach +.
Hoch- und Tiefpunkte: $H(0\,|\,0)$; $T(2\,|\,-4)$

■ **Text:** Randextremum; globale
Beispiele: Tiefpunkte: $T_1\left(-\frac{1}{2}\,\middle|\,-\frac{7}{8}\right)$; $T_2(2\,|\,-4)$
Hochpunkte: $H_1(0\,|\,0)$; $H_2(4\,|\,16)$
Randextrema: $-\frac{7}{8}$; 16
Globales Minimum und Maximum: -4 und 16

■ **Text:** höchsten
Beispiele: Für $x \to -\infty$ gilt $f(x) \to -\infty$.
Für $x \to +\infty$ gilt $f(x) \to +\infty$.

Üben und Wiederholen | Training 1, Seite 27

1

	Funktions-gleichung	Funktions-wert	Definitions-menge
a)	$f(x) = \frac{4}{4+x}$	$f(1) = \frac{4}{5}$	$\mathbb{R} \setminus \{-4\}$
b)	$f(x) = \frac{2}{x^2 - 1}$	$f(0) = -2$	$\mathbb{R} \setminus \{-1; 1\}$
c)	$f(x) = \sqrt{x - 5}$	$f(10) = \sqrt{5}$	$[5; \infty)$
d)	$f(x) = \sqrt{x^2 - 16}$	$f(5) = 3$	$(-\infty; -4]$ und $[4; \infty)$
e)	$f(x) = \frac{1}{\sqrt{x-3}}$	$f(4) = 1$	$(3; \infty)$

Tabelle 1

a > 0				a < 0			
n gerade		n ungerade		n gerade		n ungerade	
$x \to -\infty$	$x \to +\infty$	$x \to -\infty$	$x \to +\infty$	$x \to -\infty$	$x \to +\infty$	$x \to -\infty$	$x \to +\infty$
$f(x) \to +\infty$	$f(x) \to +\infty$	$f(x) \to -\infty$	$f(x) \to +\infty$	$f(x) \to -\infty$	$f(x) \to -\infty$	$f(x) \to +\infty$	$f(x) \to -\infty$

2

a) Die Funktion f nimmt an der Stelle 2 den Funktionswert 4 an.
b) Durch die Funktion f wird der Zahl 9 die Zahl 3 zugeordnet.
c) Zur Definitionsmenge von f gehören alle reellen Zahlen außer 2.

3

a) $\frac{f(2)-f(1)}{2-1} = \left(\frac{1}{2}-4\right) - (1-2) = -\frac{5}{2}$

b) $\frac{f(1)-f(0{,}5)}{1-0{,}5} = \frac{(1-2)-(2-1)}{0{,}5} = -4$

c) $\frac{f(2)-f(1{,}5)}{2-1{,}5} = \frac{\left(\frac{1}{2}-4\right)-\left(\frac{2}{3}-3\right)}{0{,}5} = -\frac{7}{3}$

d) $\frac{f(2)-f(1{,}9)}{2-1{,}9} = \frac{\left(\frac{1}{2}-4\right)-\left(\frac{10}{19}-\frac{38}{10}\right)}{0{,}1} = \frac{-\frac{7}{2}+\frac{622}{190}}{\frac{1}{10}} = -\frac{43}{19} \approx -2{,}26$

4

a) H(0 | 5); T(2,7 | −4,5)
b) S_0 = H; S_1(−1 | 0); S_2(1,4 | 0); S_3(3,6 | 0)
c) $x_1 \approx -0{,}7$; $x_2 \approx 0{,}8$; $x_3 \approx 3{,}9$

5

Lösungswort: FUCHS

Punkte im Raum, Seite 28

1

a)

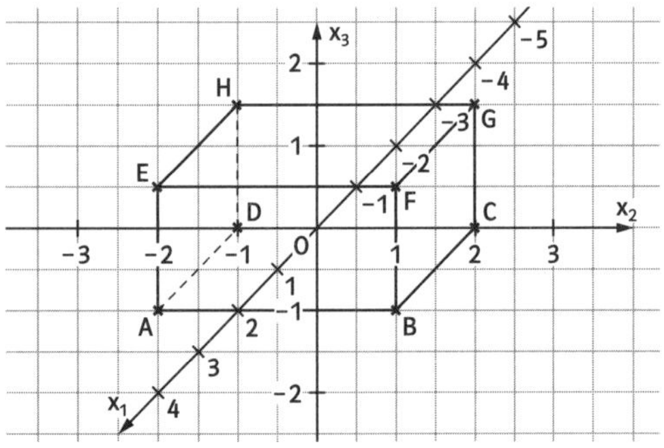

b) F(2 | 2 | 1,5), G(0 | 2 | 1,5), H(0 | −1 | 1,5)
c) h = 1,5 cm
d) $\overline{AC} = \sqrt{(0-2)^2 + (2-(-1))^2 + (0-0)^2}\,\text{cm} = \sqrt{4+9}\,\text{cm}$
$= \sqrt{13}\,\text{cm} \approx 3{,}61\,\text{cm}$

$\overline{AG} = \sqrt{(0-2)^2 + (2-(-1))^2 + (1{,}5-0)^2}\,\text{cm} = \sqrt{15{,}25}\,\text{cm}$
$\approx 3{,}91\,\text{cm}$

2

a) A(3 | 1 | 0), B(−2 | −2 | 0), C(0 | 1 | −2), D(0 | 2 | 2), E(−1 | 0 | 2), F(2 | 0 | 3)
b) Individuelle Lösung, z. B.: x_1x_2-Ebene: G(1 | 1 | 0), x_2x_3-Ebene: H(0 | 1 | 1), x_1x_3-Ebene: I(1 | 0 | 1)

3

a) Gestrichen werden: B, C, E und F
b) Q(0 | 0 | 2), R(0 | 3 | 2), S(0 | s_2 | 2), T(0 | t_2 | 2), U(0 | −5 | 2), V(0 | v_2 | 2)
s_2, t_2 und v_2 können hierbei beliebige Werte annehmen.

4

a) C(1 | 3,5 | 0)
b) Für ein gerades Prisma gilt:
D(−2 | −0,5 | 5), E(4 | −0,5 | 5), F(1 | 3,5 | 5)
Das Prisma könnte auch „unter" dem gegebenen Dreieck liegen. Dann gilt für die Eckpunkte:
D(−2 | −0,5 | −5), E(4 | −0,5 | −5), F(1 | 3,5 | −5)
Bei einem schiefen Prisma ergeben sich noch weitere Lösungen.

5

A(3 | 0 | −1), B(3 | 2 | −1), C(1 | 2 | −1), D(1 | 0 | −1)

Vektoren, Seite 29

1

a) B(3 + 1 | −1 + 3 | 5 − 2), also B(4 | 2 | 3)
b) P(1 | 3 | −2)
c) $\overrightarrow{OA} = \begin{pmatrix} 3 \\ -1 \\ 5 \end{pmatrix}$, $\overrightarrow{OB} = \begin{pmatrix} 4 \\ 2 \\ 3 \end{pmatrix}$

2

a) $\overrightarrow{PQ} = \begin{pmatrix} -4 \\ 0 \\ 6 \end{pmatrix}$, $\overrightarrow{QP} = \begin{pmatrix} 4 \\ 0 \\ -6 \end{pmatrix}$ b) $\overrightarrow{PQ} = \begin{pmatrix} 6 \\ 1 \\ -31 \end{pmatrix}$, $\overrightarrow{QP} = \begin{pmatrix} -6 \\ -1 \\ 31 \end{pmatrix}$

3

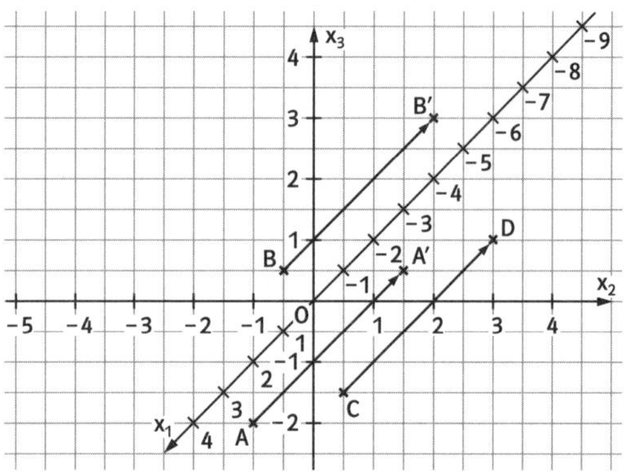

a) A′(2 − 1 | 0 + 2 | −1 + 2), also A′(1 | 2 | 1)
b) B(−1 | −1 | 0)
c) Rechnerisch ergibt sich C′(1 − 1 | 1 + 2 | −1 + 2), also C′(0 | 3 | 1).
Ebenso ist $\overrightarrow{CD} = \begin{pmatrix} -2-1 \\ 2-1 \\ 0+1 \end{pmatrix} = \begin{pmatrix} -3 \\ 1 \\ 1 \end{pmatrix} \neq \vec{v}$.
Den Punkt D erhält man also nicht vom Punkt C aus durch den Vektor $\vec{v}$.

4

a) Es sind sechs unterschiedliche Vektoren dargestellt:
$\overrightarrow{AB}$, $\overrightarrow{BE}$, $\overrightarrow{EA}$, $\overrightarrow{DF}$, $\overrightarrow{AD}$, $\overrightarrow{FE}$
b) $\overrightarrow{AB} = \overrightarrow{DC}$, $\overrightarrow{BE} = \overrightarrow{CF}$, $\overrightarrow{AD} = \overrightarrow{BC}$

5

Zusammen gehören jeweils:

A(−1 | 2 | −3), B(1 | −1 | 2), $\overrightarrow{AB} = \begin{pmatrix} 2 \\ -3 \\ 5 \end{pmatrix}$, $\overrightarrow{BA} = \begin{pmatrix} -2 \\ 3 \\ -5 \end{pmatrix}$

A(7 | −2 | −3), B(6 | 1 | −7), $\overrightarrow{AB} = \begin{pmatrix} -1 \\ 3 \\ -4 \end{pmatrix}$, $\overrightarrow{BA} = \begin{pmatrix} 1 \\ -3 \\ 4 \end{pmatrix}$

A(5 | 10 | 3), B(7 | 7 | 7), $\overrightarrow{AB} = \begin{pmatrix} 2 \\ -3 \\ 4 \end{pmatrix}$, $\overrightarrow{BA} = \begin{pmatrix} -2 \\ 3 \\ -4 \end{pmatrix}$

Rechnen mit Vektoren, Seite 30

1
Individuelle Lösung, z. B.:
siehe Figur 1

2

a) $\begin{pmatrix} 2 \\ -3 \end{pmatrix} - \begin{pmatrix} -7 \\ 2 \end{pmatrix} = \begin{pmatrix} 2-(-7) \\ -3-2 \end{pmatrix} = \begin{pmatrix} 9 \\ -5 \end{pmatrix}$

b) $5 \cdot \begin{pmatrix} -2 \\ 1 \end{pmatrix} - 0{,}5 \cdot \begin{pmatrix} -4 \\ 5 \end{pmatrix} = \begin{pmatrix} -10 \\ 5 \end{pmatrix} - \begin{pmatrix} -2 \\ 2{,}5 \end{pmatrix} = \begin{pmatrix} -10+2 \\ 5-2{,}5 \end{pmatrix} = \begin{pmatrix} -8 \\ 2{,}5 \end{pmatrix}$

c) $\begin{pmatrix} 10 \\ 0{,}5 \\ -1{,}5 \end{pmatrix} - \begin{pmatrix} 5 \\ -3 \\ 3 \end{pmatrix} + \begin{pmatrix} -3{,}5 \\ 0{,}5 \\ 2{,}5 \end{pmatrix} = \begin{pmatrix} 10-5-3{,}5 \\ 0{,}5+3+0{,}5 \\ -1{,}5-3+2{,}5 \end{pmatrix} = \begin{pmatrix} 1{,}5 \\ 4 \\ -2 \end{pmatrix}$

d) $-\begin{pmatrix} -3 \\ 4 \\ 1 \end{pmatrix} - 2 \cdot \begin{pmatrix} 1 \\ -1 \\ 1{,}5 \end{pmatrix} = \begin{pmatrix} 3 \\ -4 \\ -1 \end{pmatrix} - \begin{pmatrix} 2 \\ -2 \\ 3 \end{pmatrix} = \begin{pmatrix} 3-2 \\ -4+2 \\ -1-3 \end{pmatrix} = \begin{pmatrix} 1 \\ -2 \\ -4 \end{pmatrix}$

3

a) $\vec{a} + \vec{b} = \overrightarrow{AC} = \overrightarrow{EG}$
b) $\vec{a} + \vec{b} + \vec{c} = \overrightarrow{AG}$
c) $\vec{c} + \vec{b} = \overrightarrow{AH} = \overrightarrow{BG}$
d) $\vec{a} + \vec{c} = \overrightarrow{DG} = \overrightarrow{AF}$
e) $\vec{b} - \vec{a} = \overrightarrow{BD} = \overrightarrow{FH}$
f) $\vec{a} - \vec{b} - \vec{c} = \overrightarrow{HB}$

4

$-3\vec{b} + (3\vec{a} - 2\vec{b} - 2\vec{a}) = \vec{a} - 5\vec{b} = 4\vec{a} - (3\vec{a} + 5\vec{b})$

$5\vec{a} - \vec{b} - 3\vec{a} - 2\vec{b} = 2\vec{a} - 3\vec{b} = -(\vec{b} - \vec{a}) + \vec{a} - 2\vec{b}$

$2\vec{b} - 2\vec{a} - 3\vec{b} = -2\vec{a} - \vec{b} = 4\vec{a} - (6\vec{a} + \vec{b})$

$6\vec{a} - (5\vec{a} - 3\vec{b}) = \vec{a} + 3\vec{b} = -4\vec{b} + \vec{a} + 7\vec{b}$

$5\vec{a} + (-3\vec{a} - \vec{b}) - 4\vec{b} = 2\vec{a} - 5\vec{b} = -4\vec{b} - (-2\vec{a} + \vec{b})$

5

a) $\overrightarrow{OM_1} = \overrightarrow{OA} + \frac{1}{2}\overrightarrow{AB} = \begin{pmatrix} 3 \\ 0 \\ -2 \end{pmatrix} + \frac{1}{2} \cdot \begin{pmatrix} -4 \\ 6 \\ 0 \end{pmatrix} = \begin{pmatrix} 1 \\ 3 \\ -2 \end{pmatrix}$

$M_1(1|3|-2)$, $M_2(-1|6|0)$

b) $\overrightarrow{M_1M_2} = \begin{pmatrix} -2 \\ 3 \\ 2 \end{pmatrix}$, $\overrightarrow{AC} = \begin{pmatrix} -4 \\ 6 \\ 4 \end{pmatrix}$, also ist $2 \cdot \overrightarrow{M_1M_2} = \overrightarrow{AC}$.
$\overrightarrow{AC}$ zeigt in dieselbe Richtung, ist aber doppelt so lang wie $\overrightarrow{M_1M_2}$.

Geraden (1), Seite 31

1
Individuelle Lösung, z. B.:
a) $A(-1|-1|3)$, $B(1|3|2)$, $g\colon \vec{x} = \begin{pmatrix} -1 \\ -1 \\ 3 \end{pmatrix} + r \cdot \begin{pmatrix} 2 \\ 4 \\ -1 \end{pmatrix}$

b) Stützvektor: $\overrightarrow{OA} = \begin{pmatrix} -1 \\ -1 \\ 3 \end{pmatrix}$, Richtungsvektor: $\overrightarrow{AB} = \begin{pmatrix} 2 \\ 4 \\ -1 \end{pmatrix}$

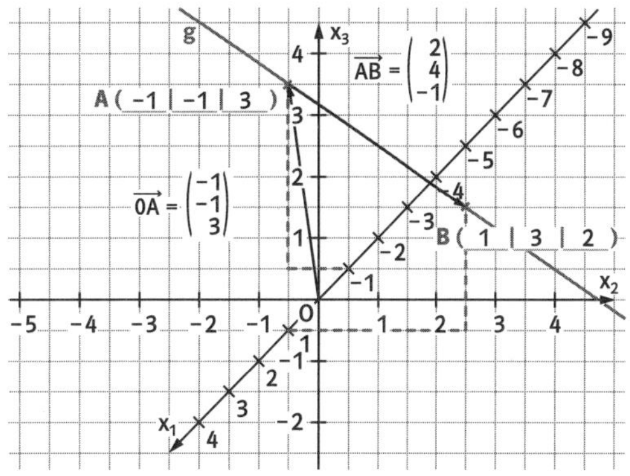

c) $g\colon \vec{x} = \begin{pmatrix} 1 \\ 3 \\ 2 \end{pmatrix} + r \cdot \begin{pmatrix} -2 \\ -4 \\ 1 \end{pmatrix}$

d) $C(-1|-1|3)$, $D(-5|-9|5)$, $E(0|1|2{,}5)$

2

a) $\begin{pmatrix} 8 \\ 0 \\ 16 \end{pmatrix} = \begin{pmatrix} 2 \\ 3 \\ 1 \end{pmatrix} + r \cdot \begin{pmatrix} 2 \\ -1 \\ 5 \end{pmatrix}$

I: $8 = 2 + 2r$
II: $0 = 3 - r$
III: $16 = 1 + 5r$
Ia: $2r = 6$
IIa: $-r = -3$
IIIa: $5r = 15$
Ib: $r = 3$
IIb: $r = 3$
IIIb: $r = 3$

A liegt auf g.

b) $\begin{pmatrix} 3 \\ 2 \\ 3{,}5 \end{pmatrix} = \begin{pmatrix} 2 \\ 3 \\ 1 \end{pmatrix} + r \cdot \begin{pmatrix} 2 \\ -1 \\ 5 \end{pmatrix}$

I: $3 = 2 + 2r$
II: $2 = 3 - r$
III: $3{,}5 = 1 + 5r$
Ia: $2r = 1$
IIa: $-r = -1$
IIIa: $5r = 2{,}5$
Ib: $r = 0{,}5$
IIb: $r = 1$
IIIb: $r = 0{,}5$
$0{,}5 \neq 1$

B liegt nicht auf g.

c) $\begin{pmatrix} 0 \\ 4 \\ -4 \end{pmatrix} = \begin{pmatrix} 2 \\ 3 \\ 1 \end{pmatrix} + r \cdot \begin{pmatrix} 2 \\ -1 \\ 5 \end{pmatrix}$

I: $0 = 2 + 2r$
II: $4 = 3 - r$
III: $-4 = 1 + 5r$
Ia: $2r = -2$
IIa: $-r = 1$
IIIa: $5r = -5$
Ib: $r = -1$
IIb: $r = -1$
IIIb: $r = -1$

C liegt auf g.

d) $\begin{pmatrix} -2 \\ 5 \\ 11 \end{pmatrix} = \begin{pmatrix} 2 \\ 3 \\ 1 \end{pmatrix} + r \cdot \begin{pmatrix} 2 \\ -1 \\ 5 \end{pmatrix}$

I: $-2 = 2 + 2r$
II: $5 = 3 - r$
III: $11 = 1 + 5r$
Ia: $2r = -4$
IIa: $-r = 2$
IIIa: $5r = 10$
Ib: $r = -2$
IIb: $r = -2$
IIIb: $r = 2$
$2 \neq -2$

D liegt nicht auf g.

Die Punkte A und C liegen auf der Geraden g.

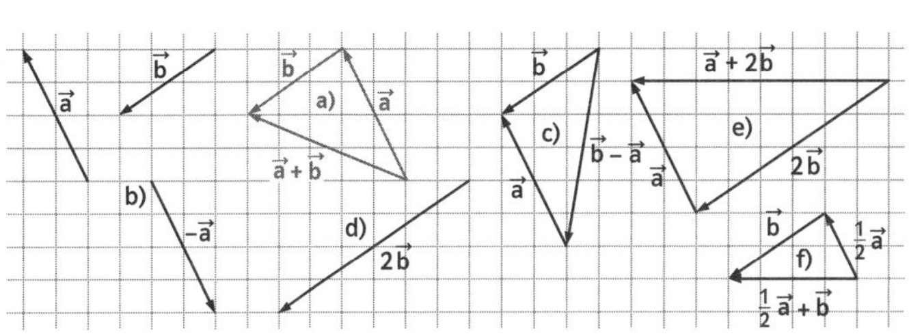

Figur 1

3

a) Individuelle Lösung, z. B. g: $\vec{x} = \begin{pmatrix}-2\\1\end{pmatrix} + r\cdot\begin{pmatrix}6\\1\end{pmatrix}$

b) Individuelle Lösung, z. B. h: $\vec{x} = \begin{pmatrix}-1\\-1\end{pmatrix} + r\cdot\begin{pmatrix}1\\3\end{pmatrix}$

oder h: $\vec{x} = \begin{pmatrix}0\\2\end{pmatrix} + r\cdot\begin{pmatrix}1\\3\end{pmatrix}$

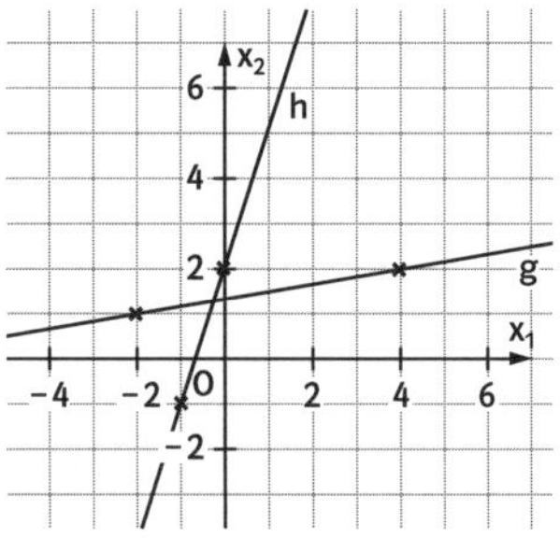

c) D liegt auf h, da mit $r = 9$

$\begin{pmatrix}-1\\-1\end{pmatrix} + 9\cdot\begin{pmatrix}1\\3\end{pmatrix} = \begin{pmatrix}-1+9\\-1+27\end{pmatrix} = \begin{pmatrix}8\\26\end{pmatrix}$ gilt.

D liegt aber nicht auf g.

Geraden (2), Seite 32

1

a) Die zweite, vierte und fünfte Begründung ist richtig.
b) Svenjas Meinung ist richtig.

2

a) A(4 | 0 | 0), G(0 | 5 | 3), B(4 | 5 | 0), H(0 | 0 | 3)
Individuelle Lösung, z. B.

g: $\vec{x} = \begin{pmatrix}4\\0\\0\end{pmatrix} + r\cdot\begin{pmatrix}-4\\5\\3\end{pmatrix}$, h: $\vec{x} = \begin{pmatrix}4\\5\\0\end{pmatrix} + s\cdot\begin{pmatrix}-4\\-5\\3\end{pmatrix}$

b) Das Gleichungssystem
I: $4 - 4r = 4 - 4s$
II: $0 + 5r = 5 - 5s$
III: $0 + 3r = 0 + 3s$
liefert $s = \frac{1}{2}$ und $r = \frac{1}{2}$.
Ergebnis: M(2 | 2,5 | 1,5)

c) Individuelle Lösung, z. B. k: $\vec{x} = \begin{pmatrix}4\\5\\3\end{pmatrix} + t\cdot\begin{pmatrix}-2\\-2{,}5\\-1{,}5\end{pmatrix}$

3

a) B(4 | 2 | −1) b) A(16 | −11 | 0)

Lage von Geraden (1), Seite 33

1

1. Zeile:
Laura: „…, da sie denselben Richtungsvektor haben."
Fynn: „…, da $\begin{pmatrix}-2\\3\\2\end{pmatrix}$ kein Vielfaches von $\begin{pmatrix}3\\-2\\2\end{pmatrix}$ ist."
Malin: „…, da $\begin{pmatrix}-2\\3\\2\end{pmatrix}$ kein Vielfaches von $\begin{pmatrix}3\\-2\\2\end{pmatrix}$ ist."

2. Zeile: F(ynn), M(alin), L(aura)
3. Zeile: M(alin), L(aura), F(ynn)
4. Zeile: L(aura), M(alin), F(ynn)

2

a) $3\cdot\begin{pmatrix}1\\-3\end{pmatrix} = \begin{pmatrix}3\\-9\end{pmatrix}$; $\begin{pmatrix}2\\3\end{pmatrix} = \begin{pmatrix}3\\1\end{pmatrix} + r\begin{pmatrix}3\\-9\end{pmatrix}$ hat keine Lösung.

Die Geraden g und h sind parallel, da die Richtungsvektoren Vielfache voneinander sind und der Punkt P(2 | 3) nicht auf h liegt.

b) $r\cdot\begin{pmatrix}-2\\1\end{pmatrix} = \begin{pmatrix}4\\2\end{pmatrix}$ hat keine Lösung; das LGS $\begin{matrix}3 - 2r = 1 + 4t\\ 1 + \ \ r = 3 + 2t\end{matrix}$

liefert die einzige Lösung $r = 1{,}5$; $t = -0{,}25$.

Die Geraden g und h schneiden sich, da die Richtungsvektoren keine Vielfache voneinander sind, und das LGS eine einzige Lösung hat.

c) $(-4)\cdot\begin{pmatrix}1\\1\end{pmatrix} = \begin{pmatrix}-4\\-4\end{pmatrix}$

Die Geraden g und h sind identisch, da die Richtungsvektoren Vielfache voneinander sind und die Stützvektoren identisch sind.

d) $4\cdot\begin{pmatrix}1\\0\end{pmatrix} = \begin{pmatrix}4\\0\end{pmatrix}$; $\begin{pmatrix}-1\\0\end{pmatrix} = \begin{pmatrix}2\\1\end{pmatrix} + t\begin{pmatrix}4\\0\end{pmatrix}$ hat keine Lösung.

Die Geraden g und h sind parallel, da die Richtungsvektoren Vielfache voneinander sind und der Punkt (−1 | 0) nicht auf h liegt.

Lage von Geraden (2), Seite 34

1

a) Gesucht ist die Lösung der Gleichung

$\begin{pmatrix}5\\0\\3\end{pmatrix} + r\cdot\begin{pmatrix}2\\4\\-2\end{pmatrix} = \begin{pmatrix}-1\\-2\\6\end{pmatrix} + s\cdot\begin{pmatrix}4\\-2\\-1\end{pmatrix}$

bzw. des Gleichungssystems:
$$\begin{aligned}5 + 2\cdot r &= -1 + 4\cdot s\\ 4\cdot r &= -2 - 2\cdot s\\ 3 - 2\cdot r &= 6 \ \ - s\end{aligned}$$

Das LGS wird umgeformt zu:
$$\begin{aligned}2\cdot r + (-4)\cdot s &= -6\\ 4\cdot r + \ \ 2\cdot s &= -2\\ -2\cdot r + \ \ s &= 3\end{aligned}$$

Der GTR liefert die Lösung $r = -1$ und $s = 1$.
Durch Einsetzen von $r = -1$ in die Gleichung für g erhält man den Ortsvektor $\overrightarrow{OS} = \begin{pmatrix}3\\-4\\5\end{pmatrix}$. Der Schnittpunkt ist also S(3 | −4 | 5).

b) $\begin{pmatrix}0\\1\\1\end{pmatrix} + r\cdot\begin{pmatrix}1\\0\\1\end{pmatrix} = \begin{pmatrix}6\\3\\5\end{pmatrix} + s\cdot\begin{pmatrix}2\\1\\1\end{pmatrix}$;

$$\begin{aligned}r &= 6 + 2\cdot s\\ 1 &= 3 \ \ + s;\\ 1 + r &= 5 \ \ + s\end{aligned}$$

$$\begin{aligned}r - 2\cdot s &= 6\\ -s &= 2\\ r \ \ -s &= 4\end{aligned}$$

Der GTR liefert $r = 2$ und $s = -2$.
Durch Einsetzen von $r = 2$ in die Gleichung für g erhält man den Ortsvektor $\overrightarrow{OS} = \begin{pmatrix}2\\1\\3\end{pmatrix}$. Der Schnittpunkt ist also S(2 | 1 | 3).

2

a)
I: $4\cdot r \ \ + s = 1$
II: $2\cdot r - 3\cdot s = 0$;
III: $4\cdot r + 4\cdot s = 4$

Ia: $r = 0$
IIa: $s = 0$
IIIa: $0 = 1$

Die letzte Gleichung zeigt den Widerspruch $0 = 1$. Das LGS hat also keine Lösung. Die Geraden sind windschief.

b)
I: $2 \cdot r - s = 2$
II: $3 \cdot r + s = -2$;
III: $-s = 2$

I a: $r = 0$
II a: $s = -2$
III a: $0 = 0$

Das LGS hat eine einzige Lösung. Die Geraden schneiden sich.
c)
I: $3 \cdot r + s = 3$
II: $r + 2 \cdot s = 6$;
III: $0 = 1$

I a: $r = 0$
II a: $s = 0$
III a: $0 = 1$

Die letzte Gleichung zeigt den Widerspruch $0 = 1$. Das LGS hat also keine Lösung. Die Geraden sind windschief.

Geraden im Raum – Vektoren | Merkzettel, Seite 35

■ **Text:** x_1; zwei
Beispiele:

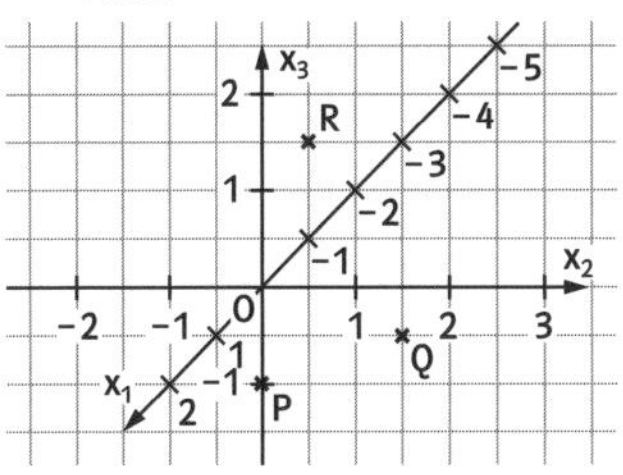

■ **Beispiele:** $\overrightarrow{AB} = \begin{pmatrix} -1-3 \\ 2-4 \\ 1-1 \end{pmatrix} = \begin{pmatrix} -4 \\ -2 \\ 0 \end{pmatrix}$

■ **Beispiele:** $\begin{pmatrix} 7 \\ 4 \\ -3 \end{pmatrix} + \begin{pmatrix} -5 \\ 8 \\ -1 \end{pmatrix} = \begin{pmatrix} 2 \\ 12 \\ -4 \end{pmatrix}$

■ **Text:** multipliziert
Beispiele: $3 \cdot \begin{pmatrix} 3 \\ -2 \\ 0{,}5 \end{pmatrix} = \begin{pmatrix} 9 \\ -6 \\ 1{,}5 \end{pmatrix}$

■ **Text:** Stützvektor; Richtungsvektor
Beispiele: P(4 | 0 | 3), Q(2 | 4 | 3)

■ **Text:** Punkt; parallel
Beispiele: windschief; schneiden

Exponentialfunktionen, Seite 36

1
siehe Tabelle 1

2
A → i; B → g; C → f; D → k; E → j; F → h

3
a) $a = \frac{5}{2}$; $c = 2$
P: $c \cdot a^0 = 2$; $c = 2$
Q: $c \cdot a^1 = 5$; $a = \frac{5}{c} = \frac{5}{2}$
b) $a = \frac{1}{4}$; $c = \frac{1}{2}$
P: $c \cdot a^0 = \frac{1}{2}$; $c = \frac{1}{2}$
Q: $c \cdot a^{-2} = 8$; $\frac{c}{8} = a^2$; $a^2 = \frac{1}{16}$; $a = +\frac{1}{4}$
($a = -\frac{1}{4}$ ist ausgeschlossen wegen $a > 0$)
c) $a = 2$; $c = \frac{3}{2}$
P: $c \cdot a^1 = 3$, Q: $c \cdot a^2 = 6$ $\Big\}$ $\frac{a^2}{a^1} = \frac{6}{3}$; $a = 2$
$c = \frac{3}{a} = \frac{3}{2}$

4
a) Zu Beobachtungsbeginn: 30 000;
nach 12 Stunden: $30\,000 \cdot 2^{0,5} = 42\,426$;
nach 12 Tagen: $30\,000 \cdot 2^{12} = 122\,880\,000$.
Nach 2,7 Tagen ist mit einer Population von 200 000 Individuen zu rechnen.
2,6 Tage vor Beobachtungsbeginn waren es nach diesem Modell nur 5000 Bakterien.
b) $a \approx 2{,}9$; $c = 20\,000$
$g(0) = c \cdot a^0 = 20\,000$; $c = 20\,000$
$g(1{,}5) = 20\,000 \cdot a^{1,5} = 100\,000$; $a^{1,5} = 5$; $a \approx 2{,}9$

Tabelle 1

	$x \to \infty$	Monotonie	Asymptote des Graphen von f	Schnittpunkt mit der y-Achse
$0 < a < 1$	$f(x) \to 0$	f ist streng monoton fallend	x-Achse	P(0 | c)
$a > 1$	$f(x) \to \infty$	f ist streng monoton wachsend	x-Achse	P(0 | c)

Ganzrationale Funktionen, Seite 37

1

a) $(x^3 - 4x^2 + 5x - 2) : (x - 1) = x^2 - 3x + 2$
$\underline{-(x^3 - x^2)}$
$-3x^2 + 5x - 2$
$\underline{-(-3x^2 + 3x)}$
$2x - 2$
$\underline{-(2x - 2)}$
0

b) $(x^3 - 2x^2 - 5x + 6) : (x + 2) = x^2 - 4x + 3$
$\underline{-(x^3 + 2x^2)}$
$-4x^2 - 5x + 6$
$\underline{-(-4x^2 - 8x)}$
$3x + 6$
$\underline{-(3x + 6)}$
0

2

a) $(2x^3 + 12x^2 + 22x + 12) : (x + 3) = 2x^2 + 6x + 40$
$\underline{-(2x^3 + 6x^2)}$
$6x^2 + 22x + 12$
$\underline{-(6x^2 + 18x)}$
$\circled{40x} + 12$
$\underline{-(40x + 120)}$
-108

richtig: $4x + 12$
$\underline{-(4x + 12)}$
0

$(2x^3 + 12x^2 + 22x + 12) : (x + 3) = 2x^2 + 6x + 4$

b) $(3x^3 + 6x^2 + 3x - 6) : (x - 2) = 3x^2 + 3x$
$\underline{-(3x^3 \oplus 6x^2)}$
$0x^2 + 3x$
$\underline{-(3x)}$
0

richtig: $(3x^3 + 6x^2 + 3x - 6) : (x - 2) = 3x^2 + 12x + 27 + \frac{48}{x - 2}$
$\underline{-(3x^3 - 6x^2)}$
$12x^2 + 3x - 6$
$\underline{-(12x^2 - 24x)}$
$27x - 6$
$\underline{-(27x - 54)}$
48

3

a) $(x^3 + 6x^2 - 13x - 42) : (x + 2) = x^2 + 4x - 21$
$\underline{-(x^3 + 2x^2)}$
$4x^2 - 13x - 42$
$\underline{-(4x^2 + 8x)}$
$-21x - 42$
$\underline{-(-21x - 42)}$
0

weitere Nullstellen: $x^2 + 4x - 21 = 0$;
$x_{2,3} = \frac{-4 \pm \sqrt{16 + 84}}{2}$; $x_2 = 3$; $x_3 = -7$

b) $(3x^3 - 15x^2 - 36x + 108) : (x - 2) = 3x^2 - 9x - 54$
$\underline{-(3x^3 - 6x^2)}$
$-9x^2 - 36x + 108$
$\underline{-(-9x^2 + 18x)}$
$-54x + 108$
$\underline{-(-54x + 108)}$
0

weitere Nullstellen: $3x^2 - 9x - 54 = 0$;
$x_{2,3} = \frac{9 \pm \sqrt{81 + 648}}{6}$; $x_2 = 6$; $x_3 = -3$

4

$f(x) = 0$ für $x = 60{,}85$; $g(x) = 0$ für $x = 61{,}48$
Der zweite Athlet ist erfolgreicher.

Eigenschaften ganzrationaler Funktionen (1), Seite 38

1

A → i; B → h; C → k; D → j; E → g; F → f

2

siehe Tabelle 1

3

a) g b) f c) g d) f e) g
f) keine g) f h) g i) f

4

a) zur y-Achse: –; zum Ursprung: $t = 0$
b) zur y-Achse: $t = 2$; zum Ursprung: –
c) zur y-Achse: t gerade; zum Ursprung: $t = 0$
d) zur y-Achse: t gerade; zum Ursprung: t ungerade

Eigenschaften ganzrationaler Funktionen (2), Seite 39

1

A → j; B → f; C → i; D → g; E → h

2

A → 2; B → 1; C → 4; D → 5; E → 3

Tabelle 1

	für $x \to \pm\infty$	für $x \to \infty$	für $x \to -\infty$	für x nahe 0	erkennbare Symmetrie
$f(x) = x^3 - 2x + 1$	$f(x) \to x^3$	$f(x) \to \infty$	$f(x) \to -\infty$	$f(x) \to -2x + 1$	keine
$f(x) = -x^4 + 3x^2 - 5$	$f(x) \to -x^4$	$f(x) \to -\infty$	$f(x) \to -\infty$	$f(x) \to 3x^2 - 5$	achsensymmetrisch zur y-Achse
$f(x) = -x^2 \cdot (x^3 - 3x)$	$f(x) \to -x^5$	$f(x) \to -\infty$	$f(x) \to +\infty$	$f(x) \to 3x^3$	punktsymmetrisch zum Ursprung
$f(x) = (x^2 + 1)(1 - x^2)$	$f(x) \to -x^4$	$f(x) \to -\infty$	$f(x) \to -\infty$	$f(x) \to -x^4 + 1$	achsensymmetrisch zur y-Achse

3

a) … Grad 3 … außerdem nicht gerade sein
b) … genau ein lokales Maximum
c) … mindestens eine Nullstelle und höchstens fünf Nullstellen

4

a) $f(x) = a_3x^3 + a_2x^2 + a_1x + a_0$;
$a_1 = 16$; wegen Punktsymmetrie $a_0 = 0$ und $a_2 = 0$;
$f(x) = a_3x^3 + 16x$;
$f(4) = 0$; $64a_3 + 64 = 0$; $a_3 = -1$
Ergebnis: $f(x) = -x^3 + 16x$
b) $f(x) = a_4x^4 + a_3x^3 + a_2x^2 + a_1x + a_0$;
$P(0|-8)$: $a_0 = -8$; wegen Achsensymmetrie $a_1 = 0$ und $a_3 = 0$;
$f(x) = a_4x^4 + a_2x^2 - 8$;
$f(1) = 0$; $a_4 + a_2 - 8 = 0$;
$f(2) = 0$; $16a_4 + 4a_2 - 8 = 0$;
Lösen des Gleichungssystems: $a_4 = -2$; $a_2 = 10$
Ergebnis: $f(x) = -2x^4 + 10x^2 - 8$

Verschieben und Strecken von Graphen (1), Seite 40

1

a) $i(x) = -f(x)$; $h(x) = \frac{1}{3} \cdot f(x)$;
$j(x) = -3 \cdot f(x)$; $g(x) = 2 \cdot f(x)$
b) $i(x) = f(x) - 2$; $j(x) = f(x) + 1$;
$h(x) = f(x - 2)$; $g(x) = f(x + 1)$

2

A → 3; B → 6; C → 1; D → 4; E → 5; F → 2

3

a) Spiegelung an der x-Achse, Streckung mit dem Faktor 0,5 in y-Richtung
b) Verschiebung um 4 nach rechts, Verschiebung um 8 nach oben
c) Verschiebung um 1 nach links, da $g(x) = (x + 1)^2$

4

a) $g(x) = 2^x + 7$
b) $g(x) = 2^{x+1} + 3$

Verschieben und Strecken von Graphen (2), Seite 41

1

a) $3 \cdot (f(x - 5) + 1) = 3 \cdot f(x - 5) + 3$
b) $-3 \cdot f(x + 2)$

2

a) $f(x) = x^2 + 2 \rightarrow g(x) = 2 \cdot ((x - 2)^2 + 2) = 2x^2 - 8x + 12$
$f(x) = 2^x \rightarrow g(x) = \frac{1}{2} \cdot 2^{x+1} = 2^x$
$f(x) = 2x^3 + x \rightarrow g(x) = 3 \cdot (2x^3 + x - 6) = 6x^3 + 3x - 18$
b) $f(x) = x^2 + 2 \rightarrow g(x) = 2 \cdot ((x - 2)^2 + 2) = 2x^2 - 8x + 12$
$f(x) = 2^x \rightarrow g(x) = \frac{1}{2} \cdot 2^{x+1} = 2^x$
$f(x) = 2x^3 + x \rightarrow g(x) = 3 \cdot (2x^3 + x) - 6 = 6x^3 + 3x - 6$
Bemerkung: Wie das jeweils letzte Beispiel zeigt, darf im Allgemeinen die Reihenfolge von Verschiebung und Streckung nicht vertauscht werden.

3

Tim hat Recht: $g(x) = -2 \cdot f(x + 1)$
Sarah hat Recht: $g(x) = -2 \cdot 3 \cdot 3^x = -6 \cdot 3^x = -6 \cdot f(x)$
Bemerkung: Tim hat hierbei mit einem negativen Faktor gestreckt ($k = -3 < 0$). Dieser entspricht einer Spiegelung an der x-Achse und einer Streckung mit dem Faktor 3 in y-Richtung.

4

a) $g(x) = (x - 2)^3 + (x - 2)^2 + 3$
b) $g(x) = (x + 1)^3 + (x + 1)^2 - 6$
c) $g(x) = (x - 12)^3 + (x - 12)^2 + 15$

5

a) $g(x) = f(x + 1) - 3 = (x + 1)^2 - 3 = x^2 + 2x - 2$

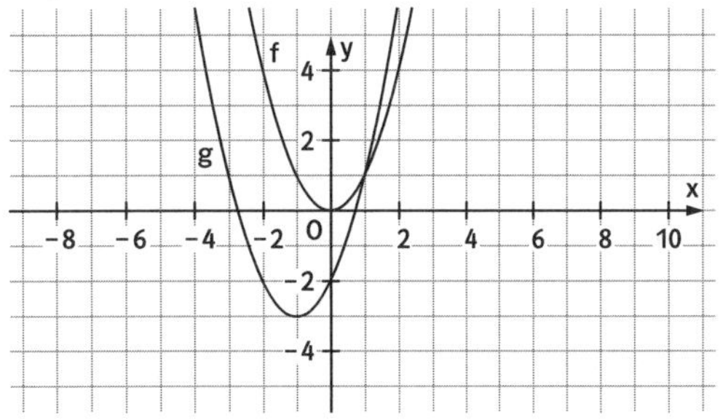

b) $g(x) = -2 \cdot f(x + 2) + 1 = -2 \cdot (x + 2)^2 + 1 = -2x^2 - 8x - 7$

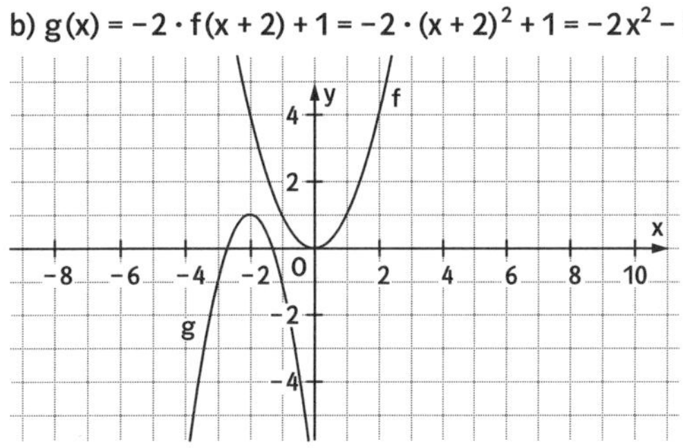

Sinus- und Kosinusfunktion (1), Seite 42

1

a) siehe Tabelle 1
b) $x = \alpha \cdot \frac{2\pi}{360°} = \alpha \cdot \frac{\pi}{180°}$ bzw. $\alpha = x \cdot \frac{360°}{2\pi} = x \cdot \frac{180°}{\pi}$
c)

Gradmaß α	−240,64°	−60°	−12°	1°	18°	36°
Bogenmaß x	−4,2	$-\frac{\pi}{3}$	$-\frac{\pi}{15}$	$\frac{\pi}{180}$	$\frac{\pi}{10}$	$\frac{\pi}{5}$

Gradmaß α	46°	97,40°	191°	310°
Bogenmaß x	0,8	1,7	3,33	$\frac{31\pi}{18}$

2

a) $\sin\left(\frac{\pi}{2}\right) = 1$
b) $\cos\left(\frac{2\pi}{3}\right) = -0{,}5$
c) $\cos\left(-\frac{\pi}{4}\right) = \frac{1}{2}\sqrt{2}$
d) $\sin\left(-\frac{\pi}{6}\right) = -0{,}5$

3

a) $x_1 = \frac{5}{4}\pi$; $x_2 = \frac{7}{4}\pi$
b) $x = \pi$

Gradmaß α	0°	30°	45°	60°	90°	120°	135°	180°	270°	360°
Bogenmaß x	0	$\frac{\pi}{6}$	$\frac{\pi}{4}$	$\frac{\pi}{3}$	$\frac{\pi}{2}$	$\frac{2\pi}{3}$	$\frac{3}{4}\pi$	π	$\frac{3}{2}\pi$	2π

Tabelle 1

4

a) Periodenlänge 2π, d.h. für jede ganze Zahl $k \in \mathbb{Z}$ gilt $\sin(x + k \cdot 2\pi) = \sin(x)$ bzw. $\cos(x + k \cdot 2\pi) = \cos(x)$.

b) $\sin(5\pi) = 0$; $\cos\left(-\frac{11}{2}\pi\right) = 0$;
$\sin\left(\frac{11}{4}\pi\right) = \frac{1}{2}\sqrt{2}$; $\cos\left(\frac{31\pi}{6}\right) = -\frac{\sqrt{3}}{2}$

c) $x \approx 0{,}6 + k \cdot 2\pi$ oder $x \approx 2{,}5 + k \cdot 2\pi$
$x \approx 1{,}9 + k \cdot 2\pi$ oder $x \approx -1{,}9 + k \cdot 2\pi$

d) $x_1 = -\frac{7\pi}{4}$; $x_2 = -\frac{3\pi}{4}$; $x_3 = \frac{\pi}{4}$; $x_4 = \frac{5\pi}{4}$
$x_1 = -\frac{5\pi}{4}$; $x_2 = -\frac{\pi}{4}$; $x_3 = \frac{3\pi}{4}$; $x_4 = \frac{7\pi}{4}$

5

a) $x_1 \approx 1{,}02 + k \cdot 2\pi$; $x_2 \approx 2{,}12 + k \cdot 2\pi$
b) $x_1 \approx 1{,}97 + k \cdot 2\pi$; $x_2 \approx 4{,}31 + k \cdot 2\pi$
c) keine Lösung, da $\sin(x) \in [-1; 1]$
d) keine Lösung, da $\cos(x) \in [-1; 1]$

6

a) $\cos(9) \approx -0{,}91$ b) $\sin(-6{,}3) \approx -0{,}02$

Sinus- und Kosinusfunktion (2), Seite 43

1

a) $\sin(x) = -\sin(-x)$
b) $\cos(x) = \cos(-x)$
c) $\sin\left(\frac{\pi}{2} + x\right) = \sin\left(\frac{\pi}{2} - x\right)$
d) $\cos\left(\frac{\pi}{2} + x\right) = -\cos\left(\frac{\pi}{2} - x\right)$
e) $\sin(\pi + x) = -\sin(x)$
f) $\cos(\pi + x) = -\cos(x)$

2

x	0	$\frac{\pi}{6}$	$\frac{\pi}{4}$	$\frac{\pi}{3}$	$\frac{\pi}{2}$	$\frac{3\pi}{4}$	π	$\frac{3\pi}{2}$	2π
sin(x)	0	$\frac{1}{2}$	$\frac{1}{2}\sqrt{2}$	$\frac{1}{2}\sqrt{3}$	1	$\frac{1}{2}\sqrt{2}$	0	−1	0
cos(x)	1	$\frac{1}{2}\sqrt{3}$	$\frac{1}{2}\sqrt{2}$	$\frac{1}{2}$	0	$-\frac{1}{2}\sqrt{2}$	−1	0	1

3

a) Sinusfunktion
b) Sinusfunktion und Kosinusfunktion
c) Kosinusfunktion
d) Sinusfunktion
e) Sinusfunktion
f) Kosinusfunktion
g) Sinusfunktion und Kosinusfunktion
h) Sinusfunktion

4

A → 4 → c; B → 1 → d; C → 5 → b; D → 3 → e;
E → 2 → a

Ableitung der Sinus- und Kosinusfunktion, Seite 44

1

a) $f'(x) = \cos(x) + \sin(x)$
b) $f'(x) = 2x - 2 \cdot \sin(x)$
c) $f'(x) = -\sqrt{2} \cdot \cos(x)$

2

siehe Tabelle 1

3

Lösungswörter: BOCK, WURM, ELCH, GANS

4

a) $P(0\,|\,1)$; $f'(x) = -\sin(x) + 2$; $m = f'(0) = -\sin(0) + 2 = 2$
Ansatz: $y = 2 \cdot x + c$
Koordinaten von P einsetzen: $1 = 2 \cdot 0 + c$; $c = 1$
Ergebnis: t: $y = 2 \cdot x + 1$

b) $P\left(\frac{\pi}{3}\middle|\frac{\sqrt{3}}{2}\right)$; $f'(x) = \cos(x)$; $m = f'\left(\frac{\pi}{3}\right) = \cos\left(\frac{\pi}{3}\right) = \frac{1}{2}$
Ansatz: $y = \frac{1}{2} \cdot x + c$
Koordinaten von P einsetzen: $\frac{\sqrt{3}}{2} = \frac{1}{2} \cdot \frac{\pi}{3} + c$; $c = \frac{\sqrt{3}}{2} - \frac{\pi}{6}$
Ergebnis: t: $y = \frac{1}{2} \cdot x + \frac{\sqrt{3}}{2} - \frac{\pi}{6} \approx \frac{1}{2} \cdot x + 0{,}34$

5

$f'(x) = 2 \cdot \cos(x) + 1$
waagerechte Tangente ($f'(x) = 0$): $2 \cdot \cos(x) + 1 = 0$;
$\cos(x) = -\frac{1}{2}$; $x_1 = \frac{2}{3}\pi$; $x_2 = \frac{4}{3}\pi$

Periode und Amplitude, Seite 45

1

a) $a = 1$; $p = 4\pi$ b) $a = 3$; $p = 2$
c) $a = 0{,}2$; $p = \frac{8}{3}$

2

a) $f(x) = 2 \cdot \sin(2x)$ b) $f(x) = \pi \cdot \sin(\pi x)$
c) $f(x) = 0{,}3 \cdot \sin\left(\frac{20}{3}\pi \cdot x\right)$

3

a)

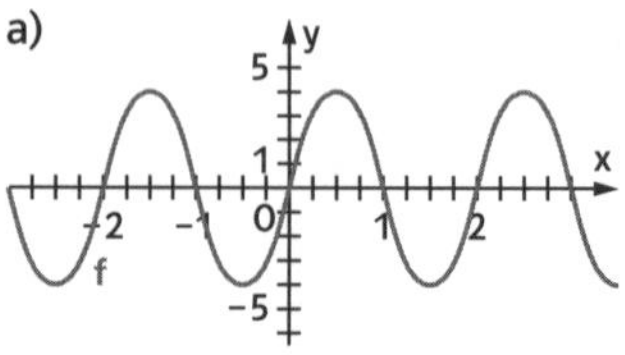

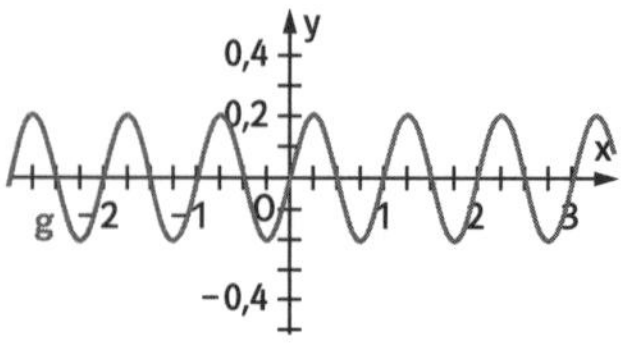

Tabelle 1

f(x)	f'(x)	Steigung der Tangente an der Stelle $x = \frac{\pi}{2}$	Stellen mit waagerechter Tangente im Intervall $[0; 2\pi]$
$\sin(x) + 3x$	$\cos(x) + 3$	3	keine
$-\cos(x) + 7$	$\sin(x)$	1	0; π; 2π
$-2 \cdot \sin(x) + x$	$-2 \cdot \cos(x) + 1$	1	$\frac{\pi}{3}$; $\frac{5}{3}\pi$

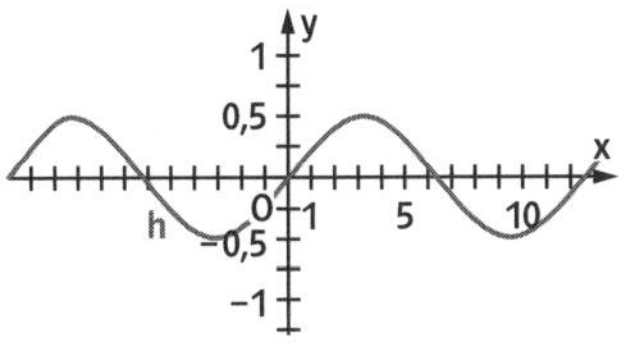

b) links: $p = 1$; $a = 0{,}5$; $f(x) = 0{,}5 \cdot \sin(2\pi \cdot x)$

Mitte: $p = \frac{2}{3}\pi$; $a = 1{,}5$; $f(x) = 1{,}5 \cdot \sin(3 \cdot x)$

rechts: $p = 2$; $a = 2$; $f(x) = 2 \cdot \sin(\pi \cdot x) + 1$

4

a) $f(x) = \sin(2\pi \cdot x) + 2$

b) $f(x) = 2 \cdot \sin(2 \cdot x) + 2$

c) $f(x) = \sin\left(\frac{\pi}{2} \cdot x\right)$

5

a)

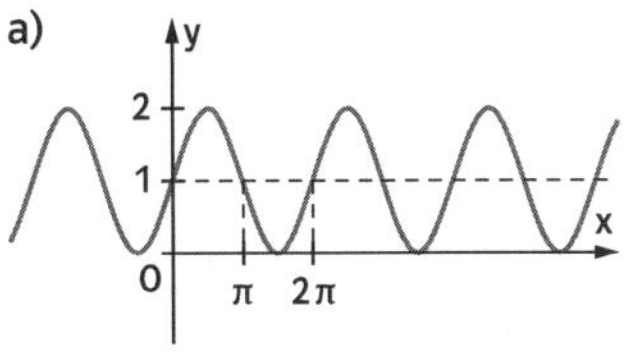

b)

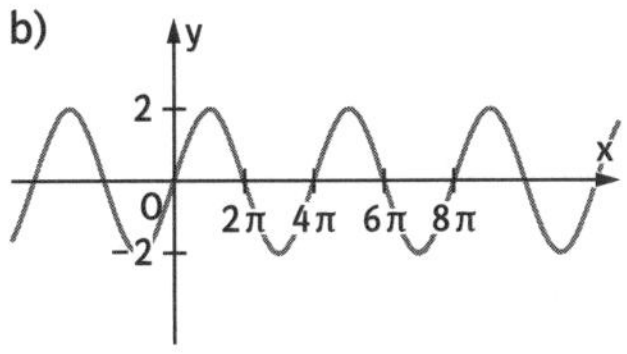

c)

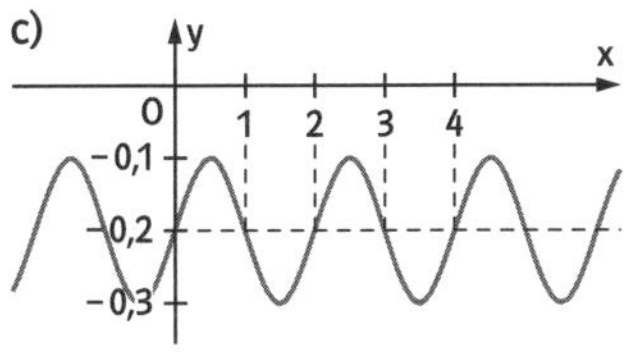

6

$a = 2{,}5$; $b = 0{,}5$; $d = -1{,}5$

Funktionsklassen | Merkzettel, Seite 46

■ **Text:** a^x; >1; <1; c
Beispiele: $f(x) = \left(\frac{1}{2}\right)^x$; $g(x) = 3 \cdot 2^x$

■ **Text:** ganzrationale Funktion; n; n; $n-1$; symmetrisch; symmetrisch; Ursprung; $y = a_n x^n$; $y = a_k x^k + a_0$
Beispiele: Die erste Aussage ($a_n > 0$) und dritte Aussage (n ist gerade) sind richtig.

■ **Text:** nach rechts; nach oben verschiebt; y
Beispiele:

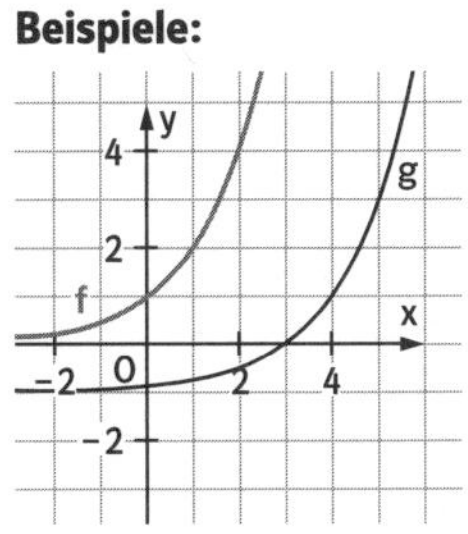

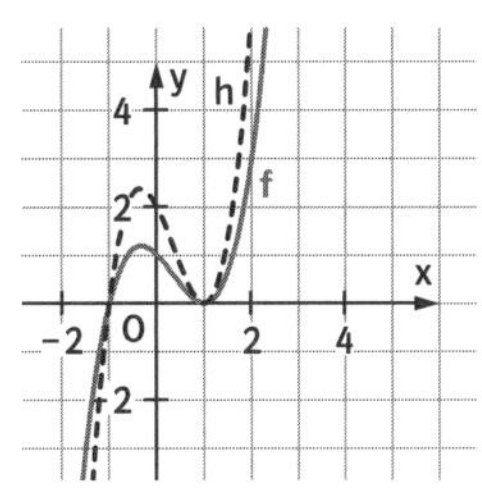

■ **Text:** Bogenmaß; Periode; a
Beispiele: $f'(x) = \cos(x)$; $g'(x) = -\sin(x)$

Üben und Wiederholen | Training 2, Seite 47

1

$$\frac{f(-1+h)-f(-1)}{h} = \frac{3(-1+h)^2-3(-1)^2}{h} = \frac{3(1-2h+h^2)-3}{h} = \frac{3-6h+3h^2-3}{h}$$

$$= \frac{-6h+3h^2}{h} = \frac{h\cdot(-6+3h)}{h} = -6+3h \rightarrow -6 \text{ für } h \rightarrow 0$$

$f'(-1) = -6$

2

$f(-1) = 5$; $P(-1\,|\,5)$

$$\frac{f(-1+h)-f(-1)}{h} = \frac{2(-1+h)^2-3(-1+h)-5}{h} = \frac{2(1-2h+h^2)+3-3h-5}{h}$$

$$= \frac{2h^2-4h-3h}{h} = \frac{h\cdot(2h-7)}{h} = 2h-7 \rightarrow -7 \text{ für } h \rightarrow 0$$

$m = -7$; $y = -7x + c$

Einsetzen der Koordinaten von P: $5 = 7 + c$; $c = -2$

Die Tangente t hat die Gleichung $y = -7x - 2$.

3

a) $f'(x) = 6x^5$

b) $f'(x) = -10x^{-6}$

c) $f'(x) = x$

d) $f(x) = 2x^{-3}$; $f'(x) = -6x^{-4} = -\frac{6}{x^4}$

e) $f'(x) = 4x^3 + 4x$

f) $f'(x) = 2x^7 + 2x^{-3} = 2x^7 + \frac{2}{x^3}$

g) $f'(x) = x^4 - 6x$

h) $f(x) = x^{-4} + 3x^{-3}$; $f'(x) = -4x^{-5} - 9x^{-4} = -\frac{4}{x^5} - \frac{9}{x^4}$

4

Von links nach rechts: f_3; f_2; f_4; f_1

5

Randextrema: $f(-2) = 2$ und $f(4) = 20$

Ableitung von f: $f'(x) = \frac{3}{2}x^2 - 3$

Nullstellen von f': $\frac{3}{2}x^2 - 3 = 0$; $x^2 = 2$; $x_1 = -\sqrt{2}$; $x_2 = \sqrt{2}$

Bei $x_1 = -\sqrt{2}$ hat f' einen Vorzeichenwechsel von + nach −.

Bei $x_2 = \sqrt{2}$ hat f' einen Vorzeichenwechsel von − nach +.

$f(-\sqrt{2}) = -\sqrt{2} + 3\sqrt{2} = 2\sqrt{2} \approx 2{,}83$;

da f ungerade ist, folgt $f(\sqrt{2}) = -2\sqrt{2} \approx -2{,}83$

Lokale Minima: 2; $-2\sqrt{2}$; Lokale Maxima: $2\sqrt{2}$; 20

Globales Minimum: $-2\sqrt{2}$; Globales Maximum: 20

Üben und Wiederholen | Training 2, Seite 48

6

a) g: $\vec{x} = \begin{pmatrix} 6 \\ 3 \\ -2 \end{pmatrix} + r \cdot \begin{pmatrix} -1 \\ -5 \\ 1 \end{pmatrix}$

b) g: $\vec{x} = \begin{pmatrix} -5 \\ 0 \\ 2 \end{pmatrix} + r \cdot \begin{pmatrix} 3 \\ 3 \\ -1 \end{pmatrix}$

c) g: $\vec{x} = \begin{pmatrix} 2 \\ 2 \\ -1 \end{pmatrix} + r \cdot \begin{pmatrix} -3 \\ -4 \\ -1 \end{pmatrix}$

7

$t \cdot \begin{pmatrix} 2 \\ 3 \\ -1 \end{pmatrix} = \begin{pmatrix} 8 \\ 12 \\ 4 \end{pmatrix}$

I: $2t = 8$
II: $3t = 12$
III: $-t = 4$

Ia: $t = 4$
IIa: $t = 4$
IIIa: $t = -4$

Die Geraden g und h sind nicht parallel, weil die Richtungsvektoren keine Vielfachen voneinander sind.

8

I: $0 + r = 1 - 2s$
II: $1 - r = -5 - 3s$
III: $1 + r = 4$

Ia: $r + 2s = 1$
IIa: $-r + 3s = -6$
IIIa: $r = 3$

Der GTR liefert zur Matrix $\begin{pmatrix} 1 & 2 & 1 \\ -1 & 3 & -6 \\ 1 & 0 & 3 \end{pmatrix}$ die Lösung $r = 3$; $s = -1$.

Die Geraden g und h schneiden sich in $S(3\,|-2\,|\,4)$.

9

$f'(x) = -\sin(x) - 1$

$f'(x) = 0$: $-\sin(x) - 1 = 0$; $\sin(x) = -1$

$x = \frac{3\pi}{2}$; $f\left(\frac{3\pi}{2}\right) = \cos\left(\frac{3\pi}{2}\right) - \frac{3\pi}{2} = -\frac{3\pi}{2}$

$P\left(\frac{3\pi}{2}\,\middle|\,-\frac{3\pi}{2}\right)$

10

$f(x) = \sin(\pi \cdot x) + 2$

11

a) $3\,\text{cm}^2$

b) $3 \cdot 1{,}5^2\,\text{cm}^2 = 6{,}75\,\text{cm}^2$

c) Fläche der Kultur 30 Minuten vor Beginn der Messung

12

a) $a^2 = 3$; $a = \sqrt{3} \approx 1{,}73$
(wegen $a > 0$ ist $-\sqrt{3}$ ausgeschlossen)

b) $a^{-1} = \sqrt{2}$; $\frac{1}{a} = \sqrt{2}$; $a = \frac{1}{2}\sqrt{2} \approx 0{,}707$

Zufallsvariable und Erwartungswert, Seite 49

1

a)

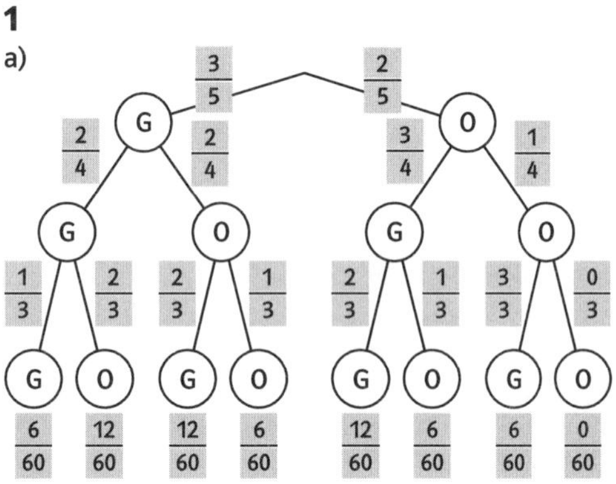

b)

Anzahl a	0	1	2	3
P(X = a)	0	$\frac{18}{60} = \frac{3}{10}$	$\frac{36}{60} = \frac{6}{10} = \frac{3}{5}$	$\frac{6}{60} = \frac{1}{10}$

$E(X) = 0 \cdot 0 + 1 \cdot \frac{3}{10} + 2 \cdot \frac{3}{5} + 3 \cdot \frac{1}{10} = 1{,}8$

c) Mia kann langfristig mit einer Auszahlung von 1,80 € pro Spiel rechnen. Ein fairer Einsatz würde also 1,80 € betragen.

2

Augensumme s	4	5	6	7	9	10	11	12
P(X = s)	$\frac{1}{12}$	$\frac{2}{12}$	$\frac{1}{12}$	$\frac{2}{12}$	$\frac{1}{12}$	$\frac{2}{12}$	$\frac{1}{12}$	$\frac{2}{12}$

Erwartungswert: $E(X) = 4 \cdot \frac{1}{12} + 5 \cdot \frac{2}{12} + 6 \cdot \frac{1}{12} + 7 \cdot \frac{2}{12} + 9 \cdot \frac{1}{12}$
$+ 10 \cdot \frac{2}{12} + 11 \cdot \frac{1}{12} + 12 \cdot \frac{2}{12} = \frac{49}{6}$

Nur mit Würfel A: $E(X) = \frac{1}{6} \cdot 3 + \frac{2}{6} \cdot 4 + \frac{1}{6} \cdot 5 + \frac{2}{6} \cdot 6 = \frac{28}{6} = \frac{14}{3}$

Nur mit Würfel B: $E(X) = \frac{3}{6} \cdot 1 + \frac{3}{6} \cdot 6 = \frac{21}{6} = \frac{7}{2}$

Die Summe dieser beiden Werte ergibt: $\frac{14}{3} + \frac{7}{2} = \frac{28}{6} + \frac{21}{6} = \frac{49}{6}$
(wie oben)

3

a) Untere Tabellenzeile: $\frac{3}{10}$; $\frac{5}{10} = \frac{1}{2}$; $\frac{2}{10} = \frac{1}{5}$

Damit das Spiel fair ist, muss gelten: $E(X) = 0$.

Dies führt auf die Gleichung $\frac{3}{10} \cdot (-2) + \frac{5}{10} \cdot (-3) + \frac{2}{10} \cdot z = 0$.

Lösung der Gleichung:
$-\frac{6}{10} - \frac{15}{10} + \frac{2}{10} \cdot z = 0$; $-21 + 2z = 0$; $2z = 21$; $z = 10{,}5$

Bei einem fairen Spiel muss der Gewinn bei „Weiß" 10,50 € betragen, also muss der Betreiber dann 15,50 € auszahlen.

b) Es muss gelten: $E(X) = -0{,}5$.

Dies führt auf die Gleichung $\frac{3}{10} \cdot (-2) + \frac{5}{10} \cdot (-3) + \frac{2}{10} \cdot z = -0{,}5$.

Lösung der Gleichung: $-21 + 2z = -5$; $2z = 16$; $z = 8$

Der Betreiber muss dann 13 Euro auszahlen.

Bernoulli-Versuche, Seite 50

1

a) TTNN, TNTN, TNNT, NTTN, NTNT, NNTT

Also: $\binom{4}{2} = 6$

b) TTNNN, TNTNN, TNNTN, TNNNT, NTTNN, NTNTN, NTNNT, NNTTN, NNTNT, NNNTT

Also: $\binom{5}{2} = 10$

2

siehe Figur 1

Einzusetzen sind der Reihe nach

$\frac{1}{2}$; $\left(\frac{1}{2}\right)^5 = \frac{1}{32}$; $\binom{5}{2}$.

siehe Tabelle 1

3

Dabei steht n für die Anzahl der Versuche, p für die Trefferwahrscheinlichkeit und r für die Anzahl der Treffer.

b) $P(X = 3) = \binom{4}{3} \cdot \left(\frac{1}{6}\right)^3 \cdot \left(\frac{5}{6}\right)^1 \approx 0{,}0154$

c) $P(X = 3) = \binom{10}{3} \cdot \left(\frac{2}{10}\right)^3 \cdot \left(\frac{8}{10}\right)^7 \approx 0{,}2013$

d) $P(X = 4) = \binom{5}{4} \cdot \left(\frac{5}{10}\right)^4 \cdot \left(\frac{5}{10}\right)^1 = 0{,}15625$

e) $P(X = 1) = \binom{9}{1} \cdot \left(\frac{1}{4}\right)^1 \cdot \left(\frac{3}{4}\right)^8 \approx 0{,}2253$

f) $P(X = 3) = \binom{6}{3} \cdot \left(\frac{1}{4}\right)^3 \cdot \left(\frac{3}{4}\right)^3 \approx 0{,}1318$

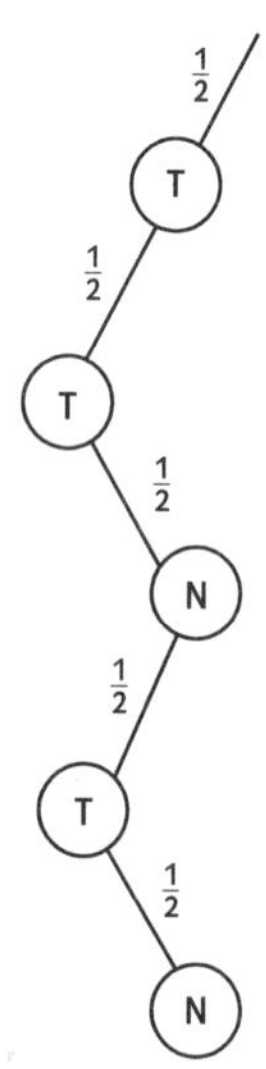

$\left(\frac{1}{2}\right)^5 = \frac{1}{32}$

Figur 1

k: Anzahl der Treffer	0	1	2	3	4	5
Wahrscheinlichkeit	0,03125	0,15625	0,3125	0,3125	0,15625	0,03125

Tabelle 1

4

Der Binomialkoeffizient $\binom{n}{r}$ steht im pascalschen Dreieck in der (n + 1)-ten Zeile an der (r + 1)-ten Stelle.

$\binom{5}{1} = 5;$ $\binom{6}{2} = 15;$ $\binom{7}{3} = 35;$ $\binom{7}{4} = 35;$ $\binom{8}{8} = 1;$

$\binom{7}{6} = 7;$ $\binom{10}{5} = 252;$ $\binom{9}{7} = 36;$ $\binom{12}{0} = 1$

1
1 1
1 2 1
1 3 3 1
1 4 6 4 1
1 5 10 10 5 1
1 6 15 20 15 6 1
1 7 21 35 35 21 7 1
1 8 28 56 70 56 28 8 1
1 9 36 84 126 126 84 36 9 1
1 10 45 120 210 252 210 120 45 10 1

Binomialverteilung (1), Seite 51

1

$n = 20;$ $p = \frac{1}{7}$

a) $P(X = 2) \approx 0{,}2418$
b) $P(X \leqq 2) \approx 0{,}4404$
c) $P(X \geqq 3) = 1 - P(X \leqq 2) \approx 0{,}5596$
d) $P(X \geqq 5) = 1 - P(X \leqq 4) \approx 0{,}1465$

2

a) ja b) nein c) nein d) ja e) nein

3

$P(X \leqq 3) = P(X < 4) = 1 - P(X \geqq 4) = 0{,}8208$
$P(1 \leqq X \leqq 5) = 1 - P(X = 0) - P(X = 6) = 1 - 0{,}4^6 - 0{,}6^6 \approx 0{,}9492$
$P(2 \leqq X \leqq 4) = 1 - P(X \geqq 5) - P(X < 2) = P(X \leqq 4) - P(X \leqq 1) \approx 0{,}7258$
$P(X \geqq 5) = P(X = 5) + P(X = 6) = 1 - P(X \leqq 4) \approx 0{,}0410$

4

$n = 10;$ $p = 0{,}6$

a) $P(X = 4) = \binom{10}{4} \cdot 0{,}6^4 \cdot 0{,}4^6 \approx 0{,}1115$
b) $P(X \geqq 4) = 1 - P(X \leqq 3) \approx 0{,}9452$
c) $P(X \leqq 6) \approx 0{,}6177$
d) $P(X \geqq 6) = 1 - P(X \leqq 5) \approx 0{,}6331$
e) $P(3 \leqq X \leqq 6) = P(X \leqq 6) - P(X \leqq 2) \approx 0{,}6054$
f) $P(3 \leqq X \leqq 7) = P(X \leqq 7) - P(X \leqq 2) \approx 0{,}8204$

Binomialverteilung (2), Seite 52

1

a)

r	0	1	2	3	4	5	6
P(X = r)	0,118	0,303	0,324	0,185	0,060	0,010	0,001

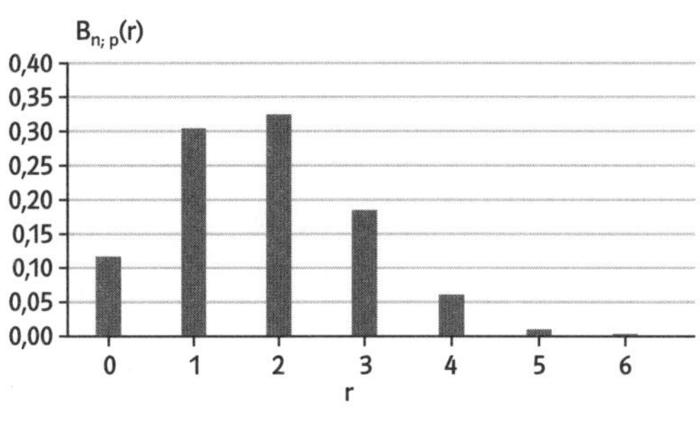

b) 1. Möglichkeit:
$P(2 \leqq X \leqq 4) = P(X = 2) + P(X = 3) + P(X = 4)$
$\approx 0{,}324 + 0{,}185 + 0{,}060 = 0{,}569$
2. Möglichkeit:
$P(2 \leqq X \leqq 4) = P(X \leqq 4) - P(X \leqq 1) \approx 0{,}990 - 0{,}421 = 0{,}569$
c) Es muss gelten: $P(X \geqq 1) \geqq 0{,}99$.
Es ist $P(X \geqq 1) = 1 - P(X = 0) = 1 - 0{,}7^n$.
Demnach muss gelten: $1 - 0{,}7^n \geqq 0{,}99$; also $0{,}7^n \leqq 0{,}01$.
Lösen mit dem Logarithmus: $\log(0{,}7^n) \leqq \log(0{,}01)$;

$n \cdot \log(0{,}7) \leqq \log(0{,}01);$ $n \geqq \frac{\log(0{,}01)}{\log(0{,}7)} \approx 12{,}9$

Ergebnis: Julian muss mindestens 13 Lose kaufen.
d) Es muss gelten: $P(X \geqq 3) \geqq 0{,}99$.
Es ist $P(X \geqq 3) = 1 - P(X \leqq 2)$.
Demnach muss gelten: $1 - P(X \leqq 2) \geqq 0{,}99$; also $P(X \leqq 2) \leqq 0{,}01$.
Mit der Wertetabelle des GTR erhält man als Ergebnis, dass Juliane mindestens 25 Lose kaufen muss.

2

a) Das Eintreffen der Fluggäste kann als Bernoulli-Kette der Länge $n = 280$ mit der Trefferwahrscheinlichkeit $p = \frac{95}{100}$ interpretiert werden.
Gesucht ist die Wahrscheinlichkeit $P(X \leqq 269)$.
Die Wahrscheinlichkeit, dass jeder eintreffende Passagier einen Sitzplatz bekommt, beträgt rund 83,1%.
b) Es muss gelten: $P(X \leqq 550) \geqq 0{,}99$.
Mit der Wertetabelle des GTR erhält man als Ergebnis, dass die Fluggesellschaft höchstens 567 Tickets verkaufen sollte.

Graph und Erwartungswert der Binomialverteilung, Seite 53

1

a) $E(X) = 20 \cdot \frac{1}{6} = \frac{10}{3}$
Wert mit der größten Wahrscheinlichkeit: 3
b) $E(X) = 30 \cdot \frac{1}{4} = 7{,}5$
Wert mit der größten Wahrscheinlichkeit: 7 bzw. 8

2

a) $E(X) = 25 \cdot 0{,}6 = 15$
b) Die Wahrscheinlichkeit, dass mindestens 9 Reißnägel auf dem Kopf landen, beträgt rund 0,2253.
$E(X) = -2 \cdot 0{,}7747 + 7 \cdot 0{,}2253 = 0{,}028$
Bei 1000 Spielen kann Robin einen Gewinn von rund 28 Euro erwarten.

3

A: $n = 9;$ $p = 0{,}3$ B: $n = 10;$ $p = 0{,}5$
C: $n = 8;$ $p = 0{,}5$ D: $n = 12;$ $p = 0{,}4$
E: $n = 30;$ $p = 0{,}2$ F: $n = 8;$ $p = 0{,}75$
G: $n = 100;$ $p = 0{,}03$ H: $n = 20;$ $p = 0{,}2$

4

Bei dieser Ziehung der Socken handelt es sich nicht um eine Bernoulli-Kette, denn die Trefferwahrscheinlichkeit ändert sich.

$P(X = 2) = \frac{6}{10} \cdot \frac{5}{9} = \frac{1}{3};$ $P(X = 0) = \frac{4}{10} \cdot \frac{3}{9} = \frac{2}{15};$

$P(X = 1) = 1 - \frac{1}{3} - \frac{2}{15} = \frac{8}{15}$

Demnach gilt: $E(X) = 2 \cdot \frac{1}{3} + 0 \cdot \frac{2}{15} + 1 \cdot \frac{8}{15} = \frac{10}{15} + \frac{8}{15} = \frac{18}{15} = \frac{6}{5} = 1{,}2$

Wahrscheinlichkeitsrechnung – Binomialverteilung | Merkzettel, Seite 54

■ **Text:** Zahlenwert; multipliziert; addiert

Beispiele:

Anzahl a	0	1	2	3
P(X = a)	$\frac{1}{8}$	$\frac{3}{8}$	$\frac{3}{8}$	$\frac{1}{8}$

$E(X) = 0 \cdot \frac{1}{8} + 1 \cdot \frac{3}{8} + 2 \cdot \frac{3}{8} + 3 \cdot \frac{1}{8} = \frac{12}{8} = \frac{3}{2}$

■ **Text:** zwei; Ergebnissen; p; Kette; Länge

Beispiele: zurücklegt; $p = \frac{4}{12} = \frac{1}{3}$

■ **Text:** n; r; n; r

Beispiele: TTNNN, TNTNN, TNNTN, TNNNT, NTTNN, NTNTN, NTNNT, NNTTN, NNTNT, NNNTT; $\binom{5}{2} = 10$

$P(X = 2) = \binom{5}{2} \cdot \left(\frac{1}{3}\right)^2 \cdot \left(\frac{2}{3}\right)^3 \approx 32{,}9\,\%$; $P(X \leqq 2) \approx 79{,}0\,\%$;

$P(X \geqq 2) \approx 53{,}9\,\%$

■ **Beispiele:**

r	0	1	2	3	4	5
P(X = r)	0,13	0,33	0,33	0,16	0,04	0,004

■ **Text:** $n \cdot p$

Beispiele: $\mu = 12 \cdot 0{,}4 = 4{,}8$

Modellieren von Wachstumsvorgängen (1), Seite 55

1

In die orangen Kästchen sind nacheinander einzusetzen:
+3,4; +2,7; +3,8
Mittelwert der Wachstumsraten: $m = \frac{3{,}4 + 2{,}7 + 3{,}8}{3} = 3{,}3$
Funktionsgleichung: $f(x) = 5{,}0 + 3{,}3 \cdot x$

2

In die orangen Kästchen sind nacheinander einzusetzen:
·1,025; ·1,025; ·1,025
Mittelwert der Wachstumsfaktoren: 1,025; Anfangswert: 1500
Funktionsgleichung: $f(x) = 1500 \cdot 1{,}025^x$

3

Lineare Modellierung: mittlere Wachstumsrate von 0,05 Millionen Einwohnern jährlich;
Funktionsgleichung: $f(t) = 3{,}80 + 0{,}05 \cdot t$
Exponentielle Modellierung: mittlerer Wachstumsfaktor von 1,0114 pro Jahr;
Funktionsgleichung: $g(t) = 3{,}80 \cdot 1{,}0114^t$
Vergleich der beiden Modellprognosen mit den wirklichen Bevölkerungszahlen:

	2001	2003	2005	2007	2009
lineare Prognose f(t)	3,85	3,94	4,03	4,12	4,21
exponent. Prognose g(t)	3,84	3,93	4,02	4,11	4,21
wirkliche Bevölkerung	3,84	3,92	4,02	4,11	4,20

Mit dem linearen Modell erhielte man für 1960 (t = −40) eine Anzahl von 2,00 Millionen Einwohnern, mit dem exponentiellen Modell wären es 2,41 Millionen Einwohner. Dieser Vergleich spricht für das exponentielle Modell.

4

Zu lösen ist die Gleichung $1{,}5 = 1 \cdot a^{50}$; $a = \sqrt[50]{1{,}5} \approx 1{,}008$
Der Wachstumsfaktor ist $a \approx 1{,}008$;
dies entspricht einem jährlichen Wachstum um 0,8 %.

5

Untere Grenze: $a \approx 0{,}996$; obere Grenze: $a \approx 0{,}998$
Nach dieser Prognose nimmt die Bevölkerung Deutschlands bis 2050 um mindestens 0,2 % ab.

Modellieren von Wachstumsvorgängen (2), Seite 56

1

a) Für das Jahr 2008 ist $x = 16$; $10^9 = 10^6 \cdot a^{16}$; $1000 = a^{16}$; $a \approx 1{,}54$; $f(x) = 10^6 \cdot 1{,}54^x$.
b) Im Jahr 2010 gibt es nach diesem Modell $f(18) = 10^6 \cdot 1{,}54^{18} \approx 2{,}4 \cdot 10^9$ solcher Geräte.
c) Im Jahr 1982 ($x = -10$) waren es demnach $f(-10) = 10^6 \cdot 1{,}54^{-10} \approx 13\,000$ Geräte.
d) 88 vernetzte Computer: $88 = 10^6 \cdot 1{,}54^x$; $8{,}8 \cdot 10^{-5} = 1{,}54^x$; $x = \log_{1{,}54}(8{,}8 \cdot 10^{-5})$; $x \approx -22$ (entspricht 1970)
Demnach ist entweder der Wachstumsfaktor a zu klein gewählt oder das Modell des exponentiellen Wachstums ist nicht angemessen.

2

$f(x) = 17\,226 \cdot 1{,}3328^x$; $f(x) = 1$ führt auf $x \approx -34$.
Dies müsste das Jahr 1936 gewesen sein.

3

Lineares Wachstum: $f(x) = 1{,}2457 \cdot x - 3{,}3163$
Prognose für 2009: $f(33) \approx 37{,}8$ Mio. DM ≈ 19,3 Mio. Euro
Exponentielles Wachstum: $g(x) = 1{,}2908 \cdot 1{,}1294^x$
Prognose für 2009: $g(33) \approx 71{,}6$ Mio. DM ≈ 36,6 Mio. Euro
Höchste Transfersumme 2009: 30 Mio. Euro (Gomez)
Das lineare Modell ist wenig geeignet, das exponentielle Modell scheint näher an der Realität zu sein.

Modellieren von periodischen Vorgängen, Seite 57

1

Datum	21.03.2011	21.06.2011	23.09.2011	21.12.2011
Sonnenaufgang	06:32 Uhr	04:30 Uhr	06:17 Uhr	08:16 Uhr
Minuten nach 00:00 Uhr	392	270	377	496
Tag nach dem 23.09.	−186	−94	0	89

Das Maximum liegt bei $y_{max} = 496$ und das Minumum bei $y_{min} = 270$, damit ergibt sich für den mittleren Sonnenaufgang $d = \frac{496 + 270}{2} = 383$ und für die Amplitude $a = \frac{496 - 270}{2} = 113$. Die Periodenlänge beträgt ein Jahr, also $p \approx 365$ Tage, für b folgt daraus $b = \frac{2\pi}{365} \approx 0{,}017$. Somit lautet die Funktionsgleichung $f(x) = 113 \cdot \sin(0{,}017 \cdot x) + 383$.

Tag	01.05.2011	01.07.2011	01.11.2011
Tag nach dem 23.09.	−145	−84	39
f(x)	312	271	453
tatsächlicher Wert in Minuten nach 00:00 Uhr	313	274	434

Beurteilung: Nur der letzte Wert weicht etwas deutlicher ab, ansonsten ist die Modellierung recht gut.

2
Die Amplitude beträgt $a \approx 2$, die Verschiebung in y-Richtung ist $d \approx 0$, und die Periodenlänge ist $p \approx 4$, also $b = \frac{2\pi}{p} \approx \frac{\pi}{2}$.

3
linke Tabelle → h(x) → mittlerer Graph
mittlere Tabelle → g(x) → rechter Graph
rechte Tabelle → f(x) → linker Graph

Modellieren von geradlinigen Bewegungen, Seite 58

1
$\vec{p} = \begin{pmatrix}1\\2\end{pmatrix}$, $\vec{u} = \begin{pmatrix}5\\4\end{pmatrix}$
Nach 1 Sekunde hat das Schiff die Distanz
$d = \sqrt{5^2 + 4^2} \approx 6{,}4$, also rund 6,4 m zurückgelegt.
Es hat damit eine Geschwindigkeit von rund 6,4 m/s ≈ 23,0 km/h.
Nach 2 Sekunden befindet sich das Schiff an der Position (11 | 10).

2
a) $d(t) = \sqrt{(8-t)^2 + (4+t)^2 + (6+2t)^2}$; ... und bestimme das Minimum der Funktion d(t). Die beiden U-Boote haben den geringsten Abstand zum Zeitpunkt $t \approx -1{,}3$. Dieser Abstand beträgt rund 10,3 km.
b) Hierzu ist die Gleichung $d(t) = 100$ zu lösen. Die Betrachtung des Graphen mit dem GTR liefert die Lösung $t \approx 39{,}3$, also rund 39 Stunden.

3
a) $\vec{x} = \begin{pmatrix}3\\5\end{pmatrix} + t \cdot \begin{pmatrix}2\\-2\end{pmatrix}$ b) $\vec{x} = \begin{pmatrix}8\\4\end{pmatrix} + t \cdot \begin{pmatrix}2\\-4\end{pmatrix}$ c) $\vec{x} = \begin{pmatrix}-4\\3\end{pmatrix} + t \cdot \begin{pmatrix}4\\-3\end{pmatrix}$

4
(8 | 3 | 3), (13 | 13 | 18) und (18 | 23 | 33).
Die geradlinige Bewegung kann durch den Richtungsvektor $\begin{pmatrix}5\\10\\15\end{pmatrix}$ beschrieben werden.

Modellierungskreislauf, Seite 59

1
In die Tabelle ist einzutragen: x: 29; 47; 54
Eine lineare Regression mit dem GTR ergibt
$y = 5{,}1778 \cdot 10^{-4} \cdot x + 0{,}466\,55$.
Der Anteil der männlichen Bevölkerung beträgt 0,5 für $x \approx 64{,}6$. Dies ist also im Jahr 2026 der Fall.
Der Anteil der männlichen Bevölkerung wäre 1 für $x \approx 1030$, also in rund 1000 Jahren. Dieses prognostizierte Aussterben der weiblichen Bevölkerung spricht deutlich gegen das lineare Modell.

Exponentielle Regression:
In die Tabelle ist einzutragen: x: 29; 47; 54
Differenz: 0,017; 0,010
Eine exponentielle Regression mit dem GTR ergibt
$d(x) = 0{,}034\,53 \cdot 0{,}9745^x$.
Ob diese exponentielle Modellierung zutrifft, hängt von der demographischen Entwicklung ab: Bei einer hohen Geburtenrate und einer niedrigen Lebenserwartung gibt es mehr Männer als Frauen und die exponentielle Modellierung trifft nicht zu. In Ländern wie Deutschland mit einer zurzeit niedrigen Geburtenrate und einer hohen Lebenserwartung gibt es mehr Frauen als Männer, auch hier trifft die exponentielle Modellierung eher nicht zu.

2
Die Tabelle zeigt ein Beispiel; je nach Ausgangspunkt auf der Küstenlinie können sich Abweichungen ergeben.

Zirkelweite	20 km	10 km	5 km
Anzahl der Zwischenpunkte	6	19	45
Küstenlänge	120 km	190 km	225 km

Vermutung: Je genauer man auf die Küstenlinie schaut, desto länger wird ihre näherungsweise bestimmte Länge.
Beurteilung der Modellierung: Nach der Modellierung müsste die Küstenlinie unendlich lang werden. Dies ist praktisch aber weder sinnvoll noch möglich: Aufgrund des variablen Wasserstands kann man nicht beliebig genau auf die Küstenlinie schauen.

Modellieren | Merkzettel, Seite 60

■ **Text:** Wachstumsrate; Anfangswert; m; m; Wachstumsfaktor; Anfangswert; a; a
Beispiele: exponentiellen; c = 99,00; a = 0,84; exponentielle

■ **Text:** y; Periode; Amplitude; 0
Beispiele:

Tag nach 22.09.12	−186	−93	0	90
Minuten nach 00:00 Uhr	385	260	370	494

$y_{max} = 494$; $y_{min} = 260$; $p = 365$; $d = \frac{y_{max} + y_{min}}{2} = 377$;
$b = \frac{2\pi}{p} \approx 0{,}017$; $a = \frac{y_{max} - y_{min}}{2} = 117$;
Modellierungsfunktion: $f(x) = 117 \cdot \sin(0{,}017 \cdot x) + 377$

■ **Text:** Vektoren; Ortsveränderung; Zeit; Position
Beispiele: $\vec{x} = \begin{pmatrix}2\\3\end{pmatrix} + t \cdot \begin{pmatrix}2\\1{,}5\end{pmatrix}$
Zum Zeitpunkt $t = 5$ befindet sich die Spidercam über dem Ort (12 | 10,5).

Üben und Wiederholen | Training 3, Seite 61

1
$\frac{f(2+h) - f(2)}{h} = \frac{\frac{4}{2+h} - \frac{4}{2}}{h} = \frac{\frac{8}{2(2+h)} - \frac{4(2+h)}{2(2+h)}}{h} = \frac{8 - 4(2+h)}{h \cdot 2(2+h)} = \frac{8 - 8 - 4h}{h \cdot 2(2+h)}$
$= \frac{-4h}{h \cdot 2(2+h)} = \frac{-4}{2(2+h)} = -\frac{2}{2+h} \to -1$ für $h \to 0$
$f'(2) = -1$

2
$f(2) = -\frac{4}{3}$; $P\left(2 \middle| -\frac{4}{3}\right)$
$\frac{f(2+h) - f(2)}{h} = \frac{\frac{1}{3}(2+h)^3 - (2+h)^2 - \left(-\frac{4}{3}\right)}{h}$
$= \frac{\frac{1}{3}(8 + 12h + 6h^2 + h^3) - (4 + 4h + h^2) + \frac{4}{3}}{h} = \frac{\frac{8}{3} + 4h + 2h^2 + \frac{1}{3}h^3 - 4 - 4h - h^2 + \frac{4}{3}}{h}$
$= \frac{\frac{1}{3}h^3 + h^2}{h} = \frac{h \cdot \left(\frac{1}{3}h^2 + h\right)}{h} = \frac{1}{3}h^2 + h \to 0$ für $h \to 0$;
$m = 0$; $y = c$;
Einsetzen der Koordinaten von P: $c = -\frac{4}{3}$; $y = -\frac{4}{3}$
Die Tangente t hat die Gleichung $y = -\frac{4}{3}$.

3

A → 3; B → 4; C → 2; D → 1

4

Erste (kleinere) Zahl: x
Zweite (größere) Zahl: $x + 5$
Das Produkt $x \cdot (x + 5) = x^2 + 5x$ soll minimal werden.
Die Funktion f mit $f(x) = x^2 + 5x$ hat Minima bei $x_1 = -2,5$ und $x_2 = 2,5$.
Die gesuchten Zahlen sind $-2,5$ und $2,5$.

Üben und Wiederholen | Training 3, Seite 62

5

A(6 | 2 | −2) B(2 | −6 | 4) C(5 | 0 | −0,5)
D(0 | −10 | 7) E(10 | 10 | −8) F(3 | −4 | 2,5)

6

Die Richtungsvektoren sind Vielfache voneinander, da

$\begin{pmatrix} 4 \\ -1 \\ -5 \end{pmatrix} = -2 \cdot \begin{pmatrix} -2 \\ 0,5 \\ 2,5 \end{pmatrix}$.

Der Stützvektor von h ist Ortsvektor zum Punkt Q(2 | 5 | 2).

Wegen $\begin{pmatrix} -2 \\ 6 \\ 7 \end{pmatrix} + 1 \cdot \begin{pmatrix} 4 \\ -1 \\ -5 \end{pmatrix} = \begin{pmatrix} 2 \\ 5 \\ 2 \end{pmatrix}$ liegt Q auf g, also sind g und h identisch.

7

Die Richtungsvektoren sind keine Vielfachen voneinander.
Gleichungssystem:

I: $3 - 2r = 2$
II: $2 = 3 + s$
III: $2 - r = 4 - s$

Ia: $0,5 = r$
IIa: $-1 = s$
IIIa: $2 - r = 4 - s$

Einsetzen von Ia und IIa in IIIa führt zum Widerspruch $1,5 = 5$.
Die Geraden g und h sind windschief.

8

$x^5 - x^3 + 5 = 5$; $x^5 - x^3 = 0$; $x^3 \cdot (x^2 - 1) = 0$;
$x_1 = -1$; $x_2 = 0$; $x_3 = 1$

9

$g(x) = f(x - a) + b = 2(x - 2)^2 + 1 = 2(x^2 - 4x + 4) + 1$
$= 2x^2 - 8x + 9$

10

A → g und k B → f und i C → h und j

Üben und Wiederholen | Training 3, Seite 63

11

a) $E(X) = 0 \cdot 0,4 + 1 \cdot 0,3 + 3 \cdot 0,25 + 10 \cdot 0,05 = 1,55$
b) Auszahlung x Euro statt 10 Euro:
$0 \cdot 0,4 + 1 \cdot 0,3 + 3 \cdot 0,25 + x \cdot 0,05 = 2$;
$1,05 + x \cdot 0,05 = 2$; $x \cdot 0,05 = 0,95$; $x = 19$
Das Spiel wäre fair, wenn der Einsatz 1,55 Euro betragen würde oder wenn man bei unverändertem Einsatz die maximale Auszahlung von 10 Euro auf 19 Euro erhöhen würde.

12

a) $P(X = 12) \approx 0,2501$
b) $P(X \leqq 12) \approx 0,6020$
c) $P(X \geqq 12) = 1 - P(X \leqq 11) \approx 1 - 0,3518 = 0,6482$

13

TTTNN, TTNTN, TNTTN, NTTTN, TTNNT,
TNTNT, NTTNT, TNNTT, NTNTT, NNTTT

14

$p = 0,5$
Da der Erwartungswert $E(X) = n \cdot p$ ist, gilt $n = 8$.

15

Es ist $p = 0,3$ und $n = 20$.

a) $P(X = 5) = \binom{20}{5} \cdot 0,3^5 \cdot 0,7^{15} \approx 0,1789$

b) $P(X \geqq 8) = 1 - P(X \leqq 7) \approx 0,2277$
c) $P(3 \leqq X \leqq 8) = P(X \leqq 8) - P(X \leqq 2) \approx 0,8512$

16

8,0; exponentiell; $f(x) = 0,5 \cdot 2^x = 2^{x-1}$
47; linear; $f(x) = -6,83x + 115,17$
2; exponentiell; $f(x) = 0,97 \cdot 2,00^x$
1,6; exponentiell; $f(x) = 0,97 \cdot 1,11^x$

17

$f(x) = 1,5 \cdot \sin(1,5x) + 1,5$

$p \approx 4,2$; $b = \frac{2\pi}{p} \approx 1,5$

$d = \frac{y_{max} + y_{min}}{2} = \frac{3,0 + 0,0}{2} = 1,5$

$a = \frac{y_{max} - y_{min}}{2} = \frac{3,0 - 0,0}{2} = 1,5$

Beilage zum Arbeitsheft Lambacher Schweizer 6 **ISBN:** 978-3-12-734307-6
ISBN: 978-3-12-734308-3

Zeichnungen/Illustrationen: media office gmbh, Kornwestheim; Dorothee Wolters, Köln
DTP/Satz: media office gmbh, Kornwestheim

Lambacher Schweizer 6

Mathematik für Gymnasien

Baden-Württemberg

Arbeitsheft

herausgegeben von Matthias Dorn und Klaus-Peter Jungmann

erarbeitet von
Ilona Bernhard, Matthias Dorn, Jürgen Frink, Petra Hillebrand, Klaus-Peter Jungmann, Karen Kaps, Michael Kölle, Nicolas Kümmerle, Michael Neubert, Tanja Sawatzki, Uwe Schumacher

Ernst Klett Verlag
Stuttgart · Leipzig

Liebe Schülerinnen und Schüler,

auf dieser Seite stellen wir euch euer Arbeitsheft für die 10. Klasse vor.

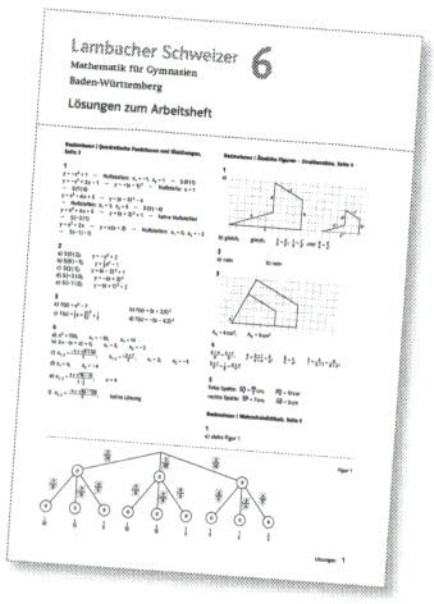

Die Kapitel und das Lösungsheft
In den einzelnen Kapiteln des Arbeitshefts werden alle Themen aus deinem Mathematikunterricht behandelt. Wir haben versucht, viele interessante und abwechslungsreiche Aufgaben zusammenzustellen, die euch beim Lernen weiterhelfen werden.
Alle Lösungen zu den Aufgaben stehen im Lösungsheft, das in der Mitte eingeheftet ist und sich leicht herausnehmen lässt.

Basiswissen
Wichtige Themen aus Klasse 9 werden hier wiederholt und nochmals geübt. Diese Seiten kannst du zum Einstieg bearbeiten oder erst dann, wenn du merkst, dass du z. B. eine Auffrischung zur Wahrscheinlichkeitsrechnung gut gebrauchen kannst.

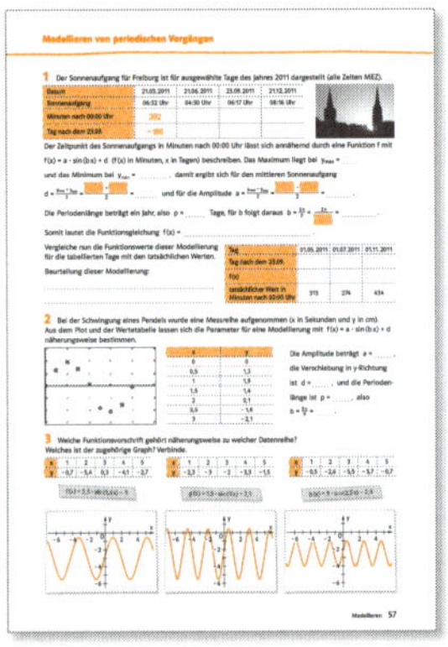

Übungsblätter
Zu allen wichtigen Bereichen der 10. Klasse findet ihr hier viele verschiedene Übungen. Damit ihr seht, wie eine Aufgabe gemeint ist, haben wir an einigen Stellen schon *einen Aufgabenteil gelöst (orange Schreibschrift)*. Eure Antworten schreibt ihr auf die vorgegebenen Linien ______________ oder in die farbigen Kästchen ▭.
Manchmal braucht ihr einen Zettel für Nebenrechnungen.

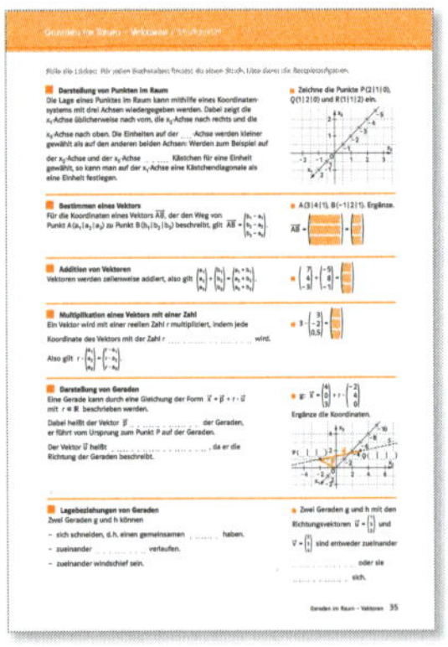

Merkzettel befinden sich am Ende von jedem Kapitel. Dort stehen alle wichtigen Regeln und Begriffe, die das Kapitel enthält. Um euch zu helfen, diese Begriffe leichter und auch dauerhaft zu merken, sollt ihr auch diese Blätter selbst bearbeiten und lösen.

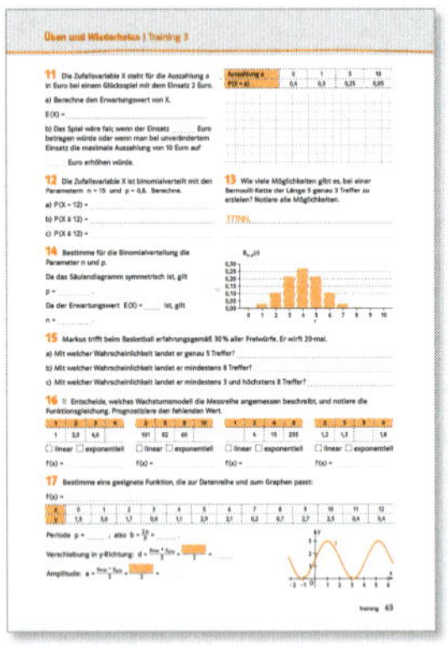

Training: Üben und Wiederholen. Die drei Trainingseinheiten im Heft wiederholen den neuen und auch den schon etwas älteren Stoff. Hier findet ihr Aufgaben zu allen davor liegenden Kapiteln.

Der Wissensspeicher und das Register
Wisst ihr nicht, was ein Begriff bedeutet? Oder sucht ihr Übungen zu einem bestimmten Thema? Hier hilft das Register auf der letzten Seite. Alle mathematischen Begriffe der 10. Klasse könnt ihr dort nachschlagen. Von dort werdet ihr auf die Seite verwiesen, auf der ihr eine Erklärung des Begriffs findet.
Probiert es am besten gleich aus: Auf welcher Seite wird „Nullstelle" erklärt? ________

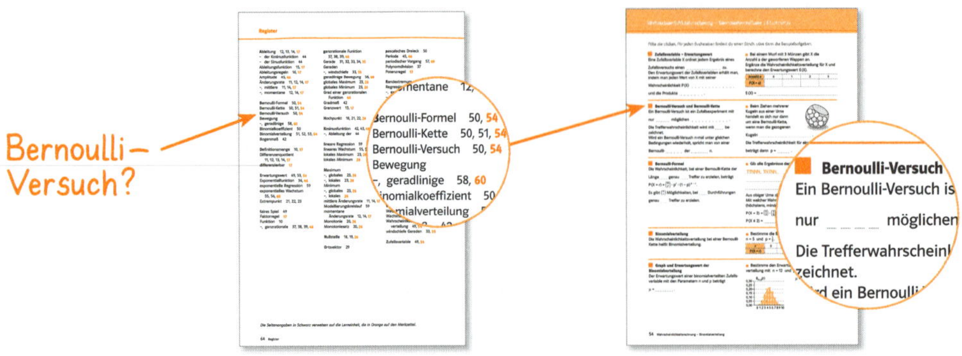

Nun kann es losgehen. Wir wünschen euch viel Spaß und Erfolg beim Lösen der Aufgaben.

Euer Autorenteam

1 Markiere die Karten, die zusammengehören. Ergänze die fehlenden Nullstellen.

- $y = -x^2 + 1$
- S(−1 | −1)
- Nullstellen: $x_1 = -1$; $x_2 = 1$
- $y = -x^2 + 2x - 1$
- S(3 | −4)
- Nullstellen: $x_1 = 0$; $x_2 =$ ______
- S(1 | 0)
- keine Nullstellen
- Nullstellen: $x_1 = 1$; $x_2 =$ ______
- $y = (x - 3)^2 - 4$
- $y = -(x - 1)^2$
- S(−2 | 1)
- $y = x(x + 2)$
- $y = x^2 + 4x + 5$
- $y = x^2 + 2x$
- S(0 | 1)
- Nullstelle: $x =$ ______
- $y = x^2 - 6x + 5$
- $y = (x + 2)^2 + 1$

2 Lies die Koordinaten des Scheitels ab und gib die Funktionsgleichung des Graphen an. Tipp: Achte auch auf eine mögliche Streckung der Parabel.

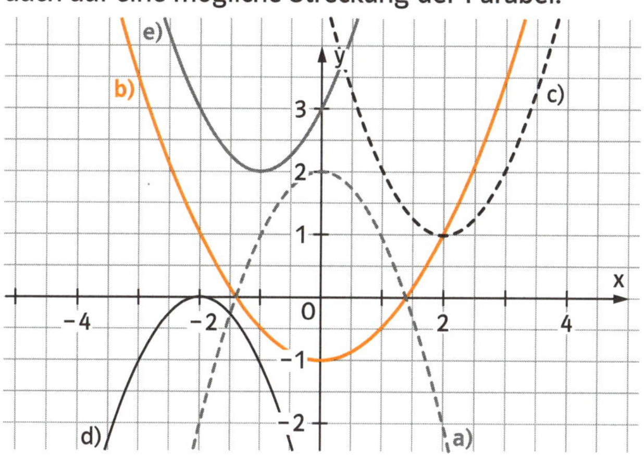

a) S(___ | ___) $y =$ ______

b) S(___ | ___) $y =$ ______

c) S(___ | ___) $y =$ ______

d) S(___ | ___) $y =$ ______

e) S(___ | ___) $y =$ ______

3 Wie lautet die Gleichung der Funktion, deren Graph aus dem der Normalparabel entsteht, indem man diesen

a) um 7 Einheiten nach unten verschiebt?

$f(x) =$ ______

b) um 2,5 Einheiten nach links verschiebt?

$f(x) =$ ______

c) um $\frac{2}{5}$ Einheiten nach links und $\frac{1}{3}$ Einheiten nach oben verschiebt? $f(x) =$ ______

d) an der x-Achse spiegelt, und der die x-Achse nur bei $x = 4{,}2$ berührt? $f(x) =$ ______

4 Bestimme die Lösungen der quadratischen Gleichung ohne GTR.

a) $\frac{1}{4}x^2 - 25 = 0$

______

______

$x_1 =$ ______ ; $x_2 =$ ______

b) $2x^2 + 4x = 0$

______

______

$x_1 =$ ______ ; $x_2 =$ ______

c) $x^2 + 3x - 10 = 0$

$x_{1,2} =$ ______

$x_{1,2} =$ ______

$x_1 =$ ______ ; $x_2 =$ ______

d) $6(x - 4)(x + 4) = 0$

______

______

______

e) $\frac{1}{2}x^2 - 4x + 8 = 0$

______

______

______

f) $\frac{1}{3}x^2 + 2x + 10 = 0$

______

______

______

1 a) Zeichne ein ähnliches Fünfeck im Maßstab 1:2 (Vergrößerungsfaktor $\frac{1}{2}$) und bezeichne die entsprechenden Seiten der entstandenen Figur mit a′, b′, c′, d′ und e′.

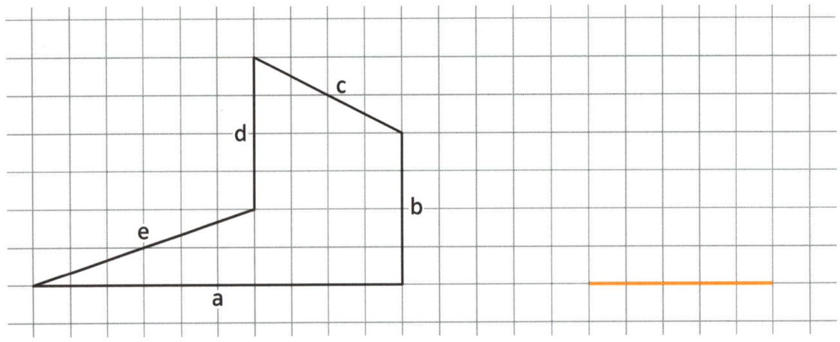

b) Fülle die Lücken aus.
Bei ähnlichen Figuren sind die entsprechenden Winkel ________ .

Auch die entsprechenden Seitenverhältnisse sind ________ .

So gilt z. B. $\frac{a}{b} = \frac{\square}{\square}$, $\frac{c}{d} = \frac{\square}{\square}$ und $\frac{e}{a} = \frac{\square}{\square}$.

2 Prüfe, ob die orange Figur durch eine zentrische Streckung entstanden sein kann. Zeichne gegebenenfalls das Streckzentrum S ein.

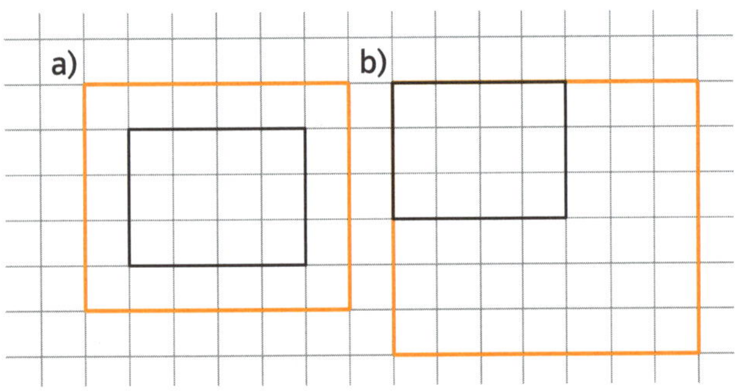

3 Führe die zentrische Streckung mit dem angegebenen Streckzentrum S und dem Streckfaktor k = 1,5 aus. Bestimme auch den Flächeninhalt von Ausgangsfigur (A_A) und Bildfigur (A_B).

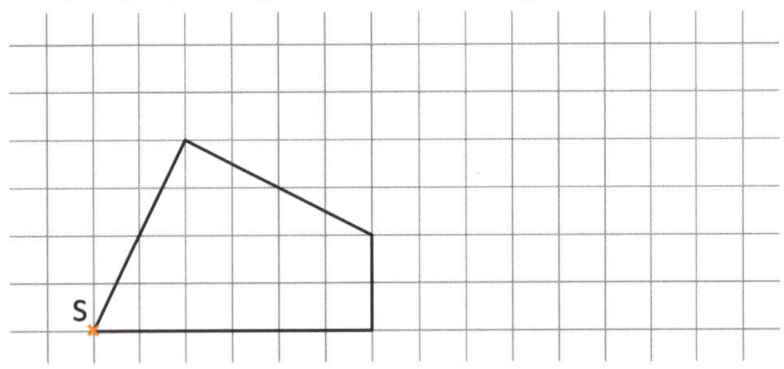

A_A = ____________ A_B = ____________

4 Die Strecken g, h und i sind parallel. Fülle die Lücken geeignet aus.

$\frac{d + e}{d} = \frac{\square}{\square}$

$\frac{a}{c} = \frac{\square}{\square}$

$\frac{g}{h} = \frac{c}{\square}$

$\frac{h}{i} = \frac{\square}{b + f} = \frac{\square}{\square}$

$\frac{b + f}{a} = \frac{\square}{g} = \frac{\square}{\square}$

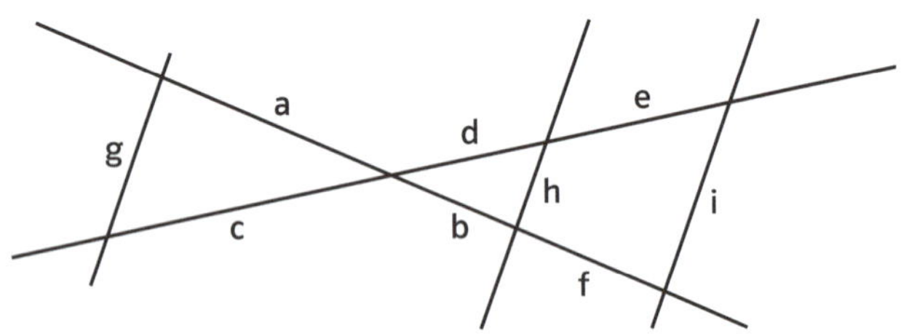

5 Berechne die fehlenden Längen. Kennzeichne zunächst die gegebenen Stücke in der Skizze farbig.

Skizze	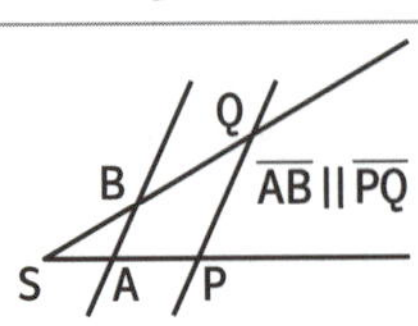	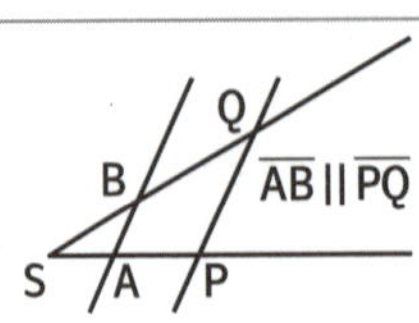
$\overline{SA}$	12 cm	5 cm
$\overline{SP}$	20 cm	
$\overline{SB}$	16 cm	2,5 cm
$\overline{SQ}$		3,5 cm
$\overline{AB}$	6 cm	
$\overline{PQ}$		4,2 cm

1 In einer Packung mit Schokolinsen befinden sich noch 2 orange (O), 3 grüne (G) und 5 blaue (B) Schokolinsen. Nick zieht zufällig 2 Schokolinsen aus der Packung, ohne die Linsen zurückzulegen. E ist das Ereignis „es werden zwei gleichfarbige Linsen gezogen“, F ist das Ereignis „es wird keine grüne Linse gezogen“.

a) Ergänze das Baumdiagramm.

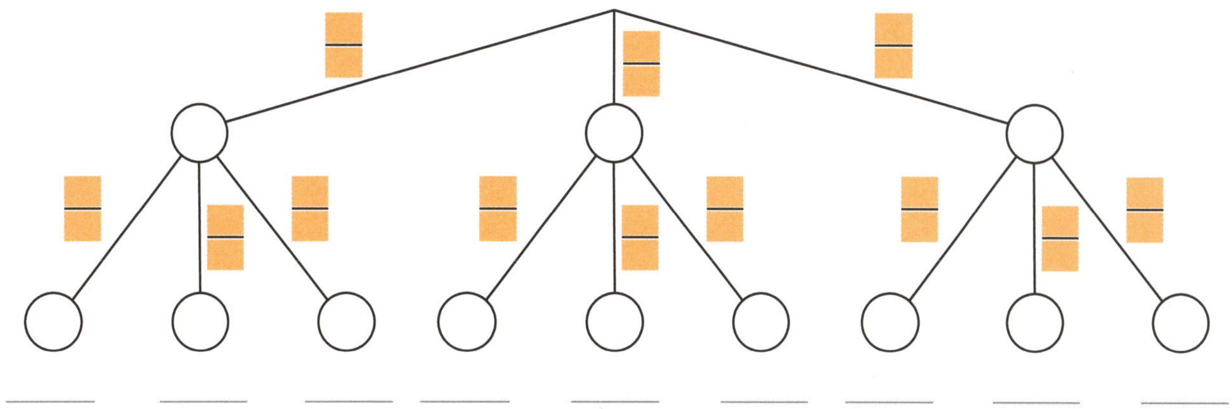

b) Formuliere die Gegenereignisse zu E und F in Worten.

$\bar{E}$: ______

$\bar{F}$: ______

c) Berechne.

P(E) = ______ P(F) = ______ P(E ∩ F) = ______

P($\bar{E}$) = 1 – ______ P($\bar{F}$) = ______

d) Berechne P(E ∪ F) auf zwei verschiedene Arten:

Summenformel: P(E ∪ F) = P(OO) + P(OB) + ______

Additionssatz: P(E ∪ F) = P(E) + P(F) – ______

2 Eine Befragung der 800 Schülerinnen und Schüler eines Gymnasiums ergab: 75 % aller Gymnasiasten machen regelmäßig Sport und 30 % besuchen regelmäßig Sportveranstaltungen als Zuschauer. 10 % der Schülerinnen und Schüler machen weder selbst Sport noch besuchen sie Sportveranstaltungen.

a) Trage in die Vierfeldertafel die fehlenden Schülerzahlen ein.

b) Die Wahrscheinlichkeit, dass ein zufällig ausgewähltes Kind keinen Sport macht, aber Sportveranstaltungen besucht, beträgt ______ .

	macht Sport	macht keinen Sport	gesamt
besucht Sportveranstaltungen			
besucht keine Sportveranstaltungen			
gesamt			800

c) Von den 350 Jungen der Schule machen 80 % regelmäßig Sport. Ein Kind wird zufällig ausgewählt. M ist das Ereignis „das Kind ist männlich“. S ist das Ereignis „das Kind macht Sport“. Ergänze die zweite Vierfeldertafel bezüglich dieser beiden Merkmale.

d) Formuliere das Ereignis in Worten und berechne die zugehörige Wahrscheinlichkeit.

M ∪ S: ______

P(M ∪ S) = ______

	M	$\bar{M}$	gesamt
S			
$\bar{S}$			
gesamt			800

1 a) Die absolute Änderung von Jahr 1 nach Jahr 2 beträgt ______ .

b) Die relative Änderung von Jahr 1 nach Jahr 2 beträgt rund ______ %.

Jahr n	1	2	3	4
Bestand B(n)	70	90		

c) Die absolute Änderung von Jahr 2 nach Jahr 3 beträgt −30, die relative Änderung von Jahr 3 nach Jahr 4 beträgt −40 %. Trage B(3) und B(4) in die Tabelle ein.

2

Herr Krause hat 10 000 € zu 4,5 % für 6 Jahre angelegt. Wie groß ist sein Guthaben nach 3 Jahren?

Nicole möchte ihr Geld so anlegen, dass sich ihr Guthaben in 15 Jahren verdoppelt. Wie hoch muss der jährliche Zinssatz sein?

Frau Birkenmeier hat 40 000 € zu einem Zinssatz von 4 % angelegt. Nach wie vielen Jahren ist der Betrag auf 100 000 € angewachsen?

Herrn Krauses Guthaben beträgt nach 3 Jahren ____________ €, Nicoles Zinssatz muss mindestens ____ % betragen und Frau Birkenmeiers Guthaben beträgt nach ____ Jahren 100 000 €.

3 Jeweils 5 Karten gehören zusammen. Die zugehörigen Buchstaben ergeben jeweils – in der richtigen Reihenfolge – ein Lösungswort.

E | 60 % der 1000 Einwohner eines Dorfes haben ein Handy. Jährlich erwerben 20 % der Einwohner ohne Handy ein solches Gerät.

A | Lineares Wachstum

D | B(1) = 680

L | Beschränktes Wachstum

C | Exponentielles Wachstum

R | B(1) = 620

U | $B(n+1) = B(n) \cdot 1{,}2$

B |
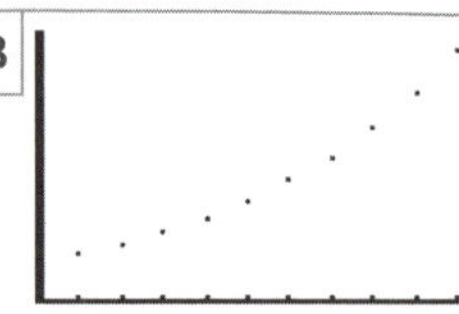

H | B(1) = 720

I |
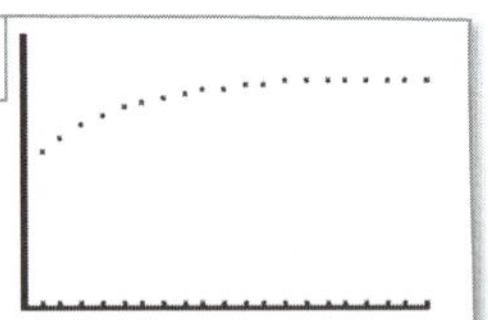

E | Die Kundenzahl einer Firma (600) wächst jährlich um 20 %.

O |
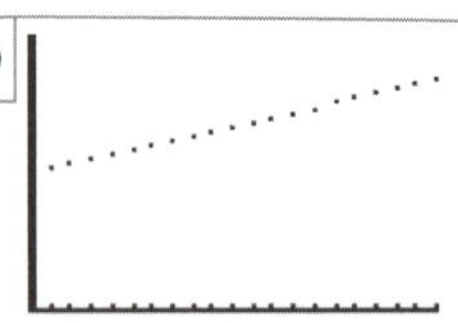

N | Die Schülerzahl eines Gymnasiums (600) wächst jährlich um 20 Schüler.

H | $B(n+1) = B(n) + 20$

N | $B(n+1) = B(n) + 0{,}2(1000 - B(n))$

Lösungsworte: ____________________

4 Gib jeweils an, ob es sich um lineares, exponentielles oder um beschränktes Wachstum mit der Schranke 100 handelt, und berechne B(20). Die Werte sind auf eine Dezimale gerundet.

Jahr n	0	2	7	10
Bestand B(n)	10	14,4	35,8	61,9

Jahr n	0	2	7	11
Bestand B(n)	20	27,4	45,9	60,7

Jahr n	0	1	2	7
Bestand B(n)	40	46	51,4	71,3

____________ Wachstum

B(20) = ____________

____________ Wachstum

B(20) = ____________

____________ Wachstum

B(20) ≈ ____________

1 Berechne die fehlenden Seiten und Winkel im rechtwinkligen Dreieck.

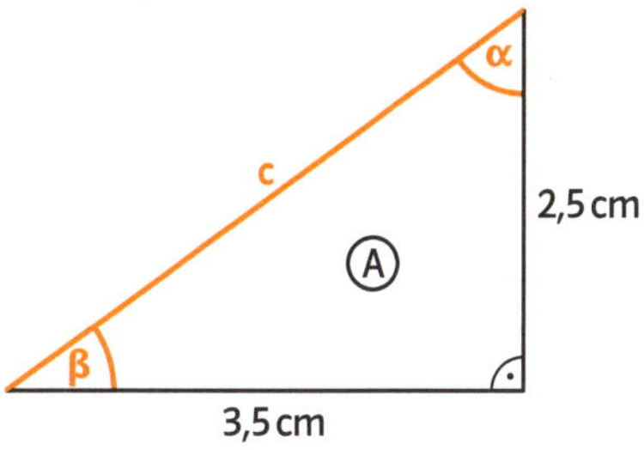

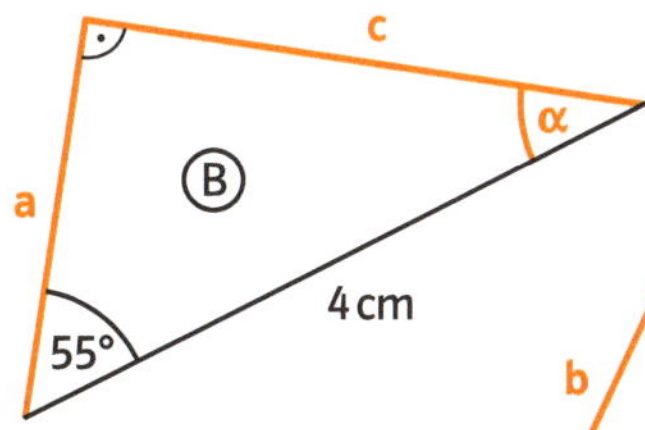

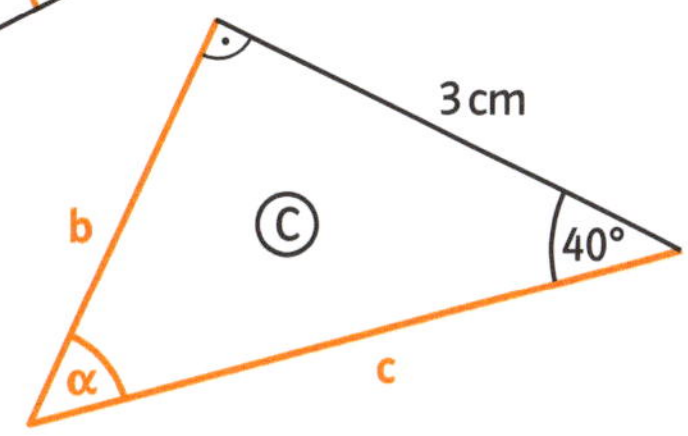

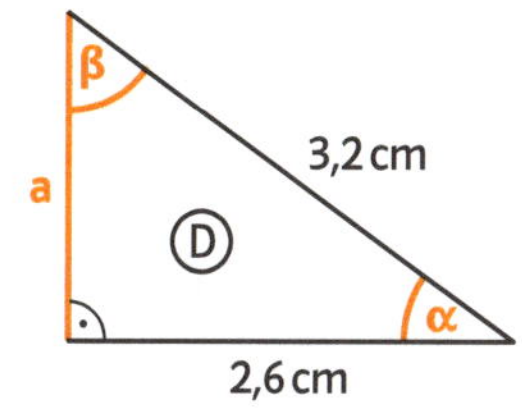

Dreieck A:

c ≈ ____________

α ≈ ____________

β ≈ ____________

Dreieck B:

a ≈ ____________

c ≈ ____________

α = ____________

Dreieck C:

b ≈ ____________

c ≈ ____________

α = ____________

Dreieck D:

a ≈ ____________

α ≈ ____________

β ≈ ____________

2 a) Berechne bei einer quadratischen Pyramide mit Grundkante $a = 10\,cm$ und Höhe $h = 20\,cm$ den Winkel α zwischen Kante s und Grundfläche.

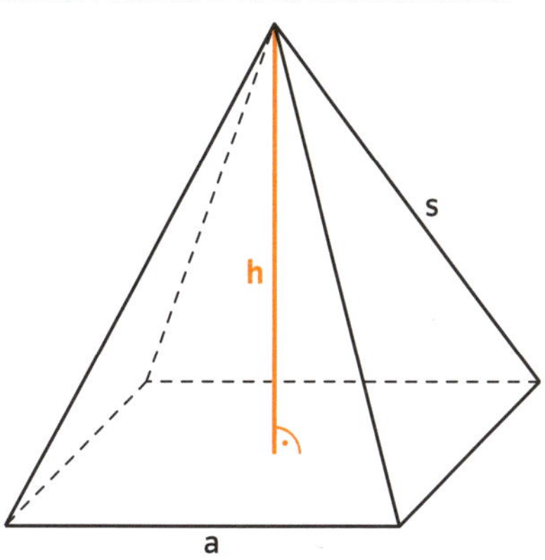

____

____

____

Antwort: ____________

b) Berechne den eingezeichneten Winkel β im Einheitswürfel (d_F = Flächendiagonale, d_R = Raumdiagonale).

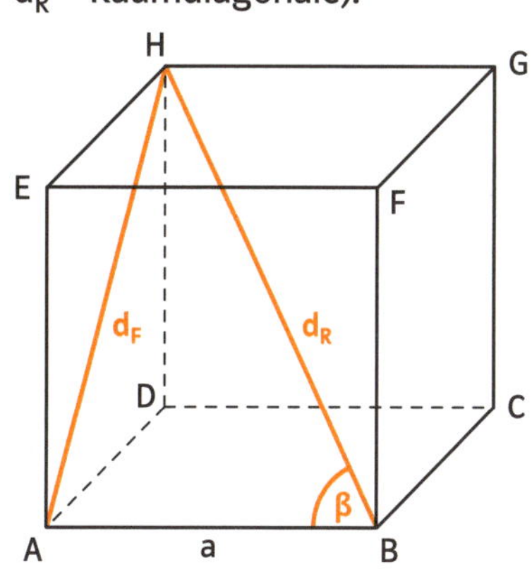

____

____

____

Antwort: ____________

c) Berechne den Winkel φ des Dreiecks BCJ, wobei $a = 10\,cm$ und J der Mittelpunkt der Kante $\overline{HD}$ ist.

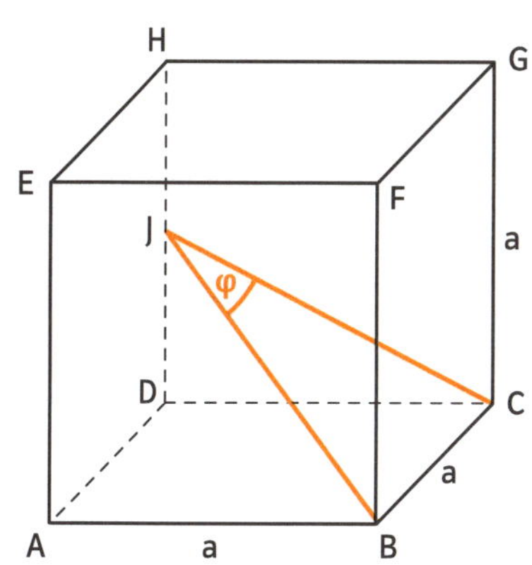

____

____

____

Antwort: ____________

1 Ein Würfel mit der Kantenlänge 50 cm wird wie abgebildet in zwei Teile zerlegt.

a) Die gefärbte Fläche hat die Form eines

______________________________ .

b) In jeden Teil des Würfels wird eine zylinderförmige Bohrung mit 25 cm Tiefe und 10 cm Durchmesser durchgeführt. Berechne den Oberflächeninhalt und das Volumen eines Würfelteils.

O = ______________ V = ______________

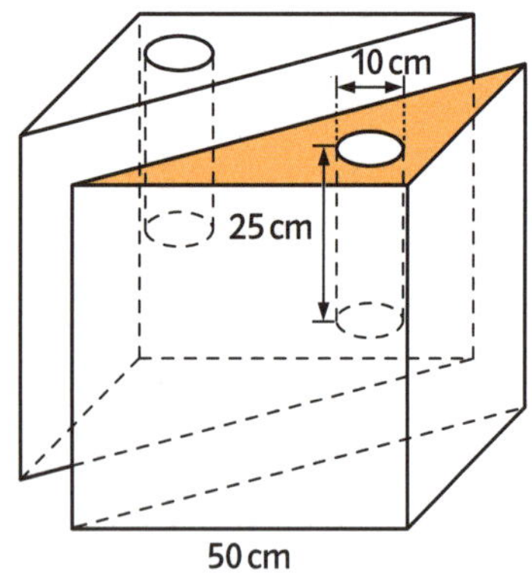

2 Markiere zusammengehörende Karten.

$O = 2 \cdot G + M$ | Kegel | $V = G \cdot h$ | $V = \frac{4}{3} \cdot \pi \cdot r^3$ | Kugel | $V = \frac{1}{3} \cdot G \cdot h$ | Prisma | $O = G + M$ | $O = 4 \cdot \pi \cdot r^2$

3 Eine regelmäßige Pyramide mit der Höhe $h = 3\,cm$ hat eine quadratische Grundfläche mit der Seitenlänge $a = 2\,cm$.

a) Zeichne ein Schrägbild der Pyramide.

Zeichnung:

b) Berechne das Volumen der Pyramide.

V = ______________

c) Berechne die Höhe h_1 der Seitenfläche.

h_1 = ______________

d) Berechne den Oberflächeninhalt der Pyramide.

O = ______________

4 Berechne das Volumen und den Oberflächeninhalt des Körpers.

a)

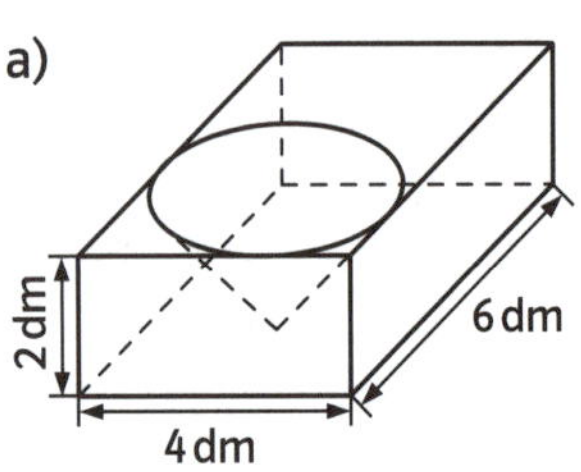

V ≈ ______________

O ≈ ______________

b)

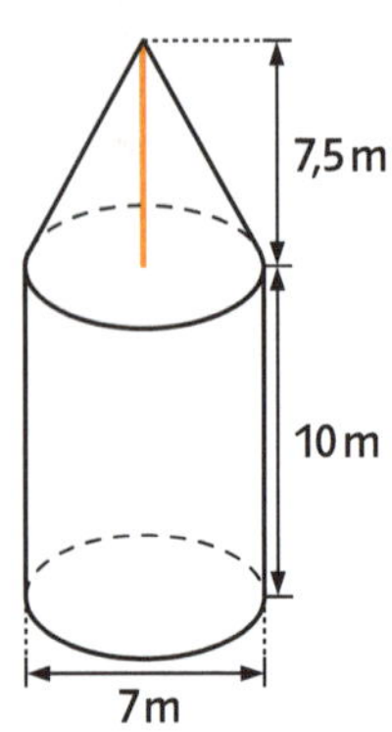

V ≈ ______________

O ≈ ______________

1 Bestimme die Lösung der linearen Gleichung.

a) $3x + 12 = 0$

b) $5x - 9 = 7x + 11$

c) $4{,}5x + 7 = 3 + 4{,}5x$

d) $3{,}2x - 3 + 1{,}8x = -3 + 5x$

2 Löse die quadratische Gleichung rechnerisch.

a) $x^2 - x - 2 = 0$

b) $2x^2 + 0{,}5 = 2x$

c) $-0{,}5x^2 = 7 + 3x$

3 Bestimme die Lösungen der Potenzgleichung.

a) $x^3 = -125$ ______

b) $x^4 = 81$ ______

c) $x^6 = -17{,}4$ ______

d) $x^6 = 17{,}4$ ______

4 Forme den Term zunächst um und ermittle dann die Lösung der Exponentialgleichung.

a) $2^x = 1024$

$2^x = 2^{10}$

x = ______

b) $27^x = 3$

$3^{\square} = 3^1$

x = ______

c) $5^x = 25^x$

______

x = ______

d) $10^x = 0{,}0001$

______

x = ______

5 Löse die Exponentialgleichung.

a) $6^x = 11$

b) $2 \cdot 3^x = 11$

c) $1{,}2^x = 2^{x+1}$

$\frac{1{,}2^x}{2^x} =$ ______

d) $5^{2x} = 3 \cdot 4^x$

6 Löse die Gleichung.

a) $\log_x(64) = 3$

b) $\log_5(x) = -1$

c) $\log_{10}(x) - 3 = 0$

d) $\log_x(\sqrt{19}) = 1$

7 Bestimme die Lösungen $0° \leqq \alpha \leqq 360°$ der trigonometrischen Gleichung.

a) $\cos(\alpha) = 1$

b) $\sin(\alpha) + 1 = 0$

c) $\tan(2\alpha) = 1$

d) $\sin(\alpha) + \cos(\alpha) = 3$

1 Verbinde zusammengehörige Karten.

$f(x) = \frac{4}{x}$ | $f(3) = 3$ | $D_f = \mathbb{R} \setminus \{0\}$ | $P(0|0)$

$f(x) = \sqrt{9 - x^2}$ | $f(0) = 3$ | $D_f = \mathbb{R}$ | $P(4|1)$

$f(x) = \frac{x^2}{3}$ | $f(2) = 2$ | $D_f = [-3; 3]$ | $P(3|0)$

2 Ergänze.

	Aussage in Textform	mathematische Kurzform
a)	Die Funktion f nimmt an der Stelle 2 den Funktionswert 6 an.	
b)	Die Definitionsmenge der Funktion g umfasst alle reellen Zahlen außer 4.	
c)		$g(-1) = 0$
d)		$D_g = \mathbb{R} \setminus \{0\}$
e)	Die Funktion f ordnet der Zahl 0 einen kleineren Funktionswert zu als der Zahl −2.	
f)		$W_g = [0; 10]$

3 Ein Hubschrauber fliegt in einer Minute durchschnittlich 3 km. Bei dieser Geschwindigkeit kann er $3\frac{1}{2}$ Stunden in der Luft bleiben.

a) Den in der Zeit t (in min) zurückgelegten Weg s (in km) kann man mit

$s(t) =$ ________ berechnen.

b) Es handelt sich um eine ______________ Funktion.

c) Gib die Definitionsmenge an: $D_s =$ ____________

d) Bestimme s(15) und deute das Ergebnis: $s(15) =$ ____________________

____

4 Bestimme die Definitionsmenge der Funktion f rechnerisch.

a) $f(x) = \frac{2}{x^2 - 16}$

$D_f =$ ________________

b) $f(x) = 2 + \sqrt{4 - x}$

$D_f =$ ________________

c) $f(x) = 2\sqrt{4 - x^2}$

$D_f =$ ________________

5 Die Flugbahn eines Speerwurfs wird durch die Parabel mit der Funktionsgleichung $h(s) = -\frac{1}{200}(s - 43)^2 + 11$ beschrieben. Dabei gibt s die horizontale Entfernung vom Abwurfpunkt und h die Höhe in Metern an.

a) Gib eine sinnvolle Definitionsmenge für die Funktion h an. ____________________

b) Bestimme die Weite, die bei diesem Speerwurf erzielt wurde. ________________

c) Gib die Abwurfhöhe des Speeres an. ____

d) Ermittle, nach wie vielen Metern der Speer eine Höhe von 8 m hat.

____

e) Bestimme, welche maximale Höhe der Speer erreicht. ______________________

Mittlere Änderungsrate – Differenzenquotient

1 Bestimme den Wert des Differenzenquotienten der Funktion f mit $f(x) = \frac{1}{2}x^2 - 4$.

a) im Intervall [0; 2]   b) im Intervall [1; 2]   c) im Intervall [1,9; 2]   d) im Intervall [−2; −1,9]

Ergebnis: ______   Ergebnis: ______   Ergebnis: ______   Ergebnis: ______

2 Grüner Tee wird mit 70 °C heißem Wasser aufgebrüht. Beim Abkühlen wurde die Temperatur gemessen.

Zeit t (in min)	0	2	4	6	8	10	12	14	16	18
Temperatur T (in °C)	70,0	60,6	52,8	46,7	41,5	37,3	34,0	31,3	29,3	27,5

a) Skizziere den Verlauf des Graphen.

b) Die mittlere Änderungsrate der Funktion Zeit t → Temperatur T für den gesamten Messzeitraum beträgt $\frac{\quad}{\quad}$ ≈ ______ (in $\frac{°C}{min}$).

c) Die mittlere Änderungsrate ist negativ, weil

______________________________ .

d) Bestimme die mittleren Änderungsraten für die ersten und die letzten zwei Minuten.

e) Beschreibe das Abkühlverhalten des Tees.

____

3 Bei der Fahrt mit einem Heißluftballon wird die aktuelle Höhe aufgezeichnet.

a) Die mittlere Steiggeschwindigkeit in den ersten 10 Minuten beträgt _____ (in $\frac{m}{min}$). Zwischen Minute 10 und Minute 20 beträgt die mittlere Steiggeschwindigkeit _______ (in $\frac{m}{min}$). Der Ballon steigt also in dieser zweiten Zeitspanne _______________ .

b) Berechne die durchschnittliche Sinkgeschwindigkeit von Minute 70 bis Minute 90 und von Minute 65 bis Minute 70.

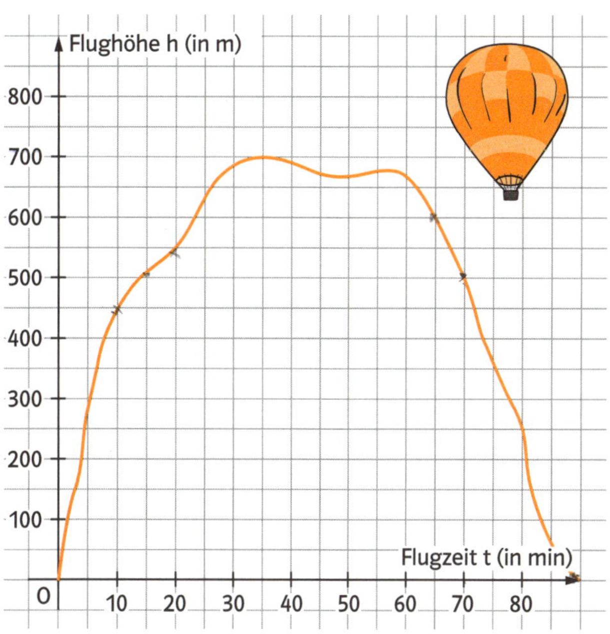

1 a) In den Punkten ____ und ____ ist die Steigung des Graphen negativ, in den Punkten __________ ist sie null und in den Punkten __________ ist die Steigung __________. Also ist die Steigung in den Punkten ____ und ____ gleich.

b) Ordne die Punkte aufsteigend nach der zugehörigen Steigung.

____ , ____ , ____ , ____ , ____ , ____

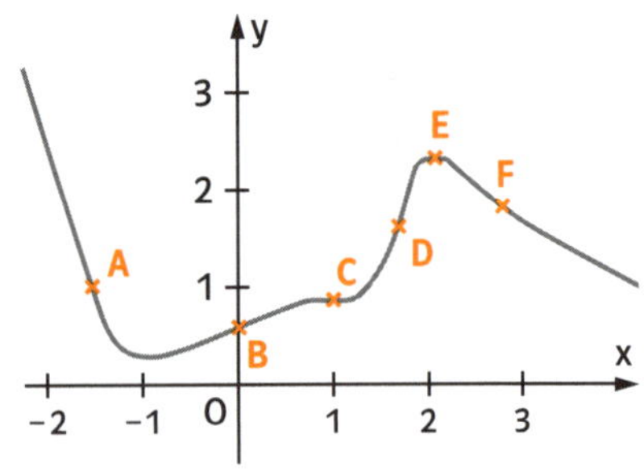

2 Bestimme näherungsweise die Ableitung der Funktion f mit $f(x) = 0{,}5x^2$ an der Stelle 2.

a) rechnerisch mithilfe der Differenzenquotienten für kleine Werte von h:

$h = 0{,}2$: $\frac{f(\square + 0{,}2) - f(\square)}{0{,}2}$

$= \frac{0{,}5 \cdot (\square + 0{,}2)^2 - 0{,}5 \cdot \square^2}{0{,}2} \approx$ ______

$h = 0{,}1$: ______________________________ ≈ ______

$h = 0{,}01$: ______________________________ ≈ ______

Vermutlich gilt: $f'(2) =$ ____ .

b) geometrisch mithilfe der Steigung der Tangente im Punkt P(2 | ____):

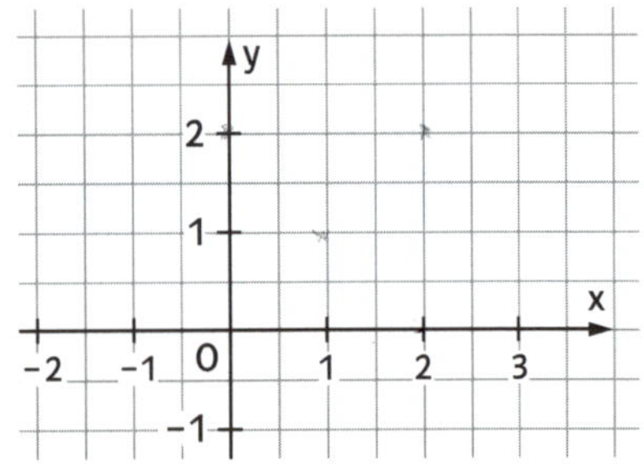

Vermutlich gilt: $f'(2) =$ ____ .

3 Lies mithilfe der Tangente die Steigung des Graphen von f an der Stelle x_0 ab.

a)

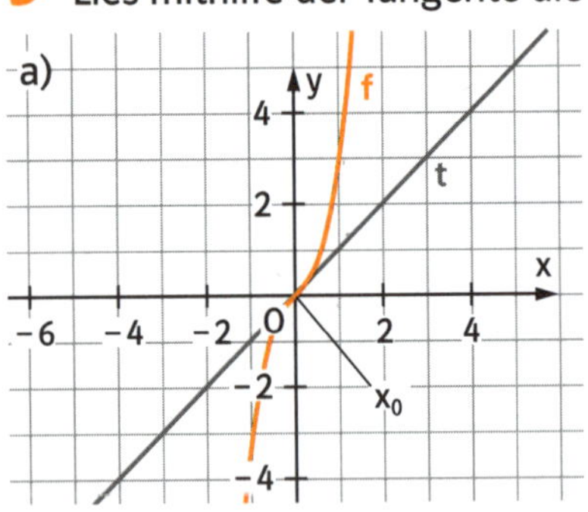

Steigung $f'($____$) =$ ____

b)

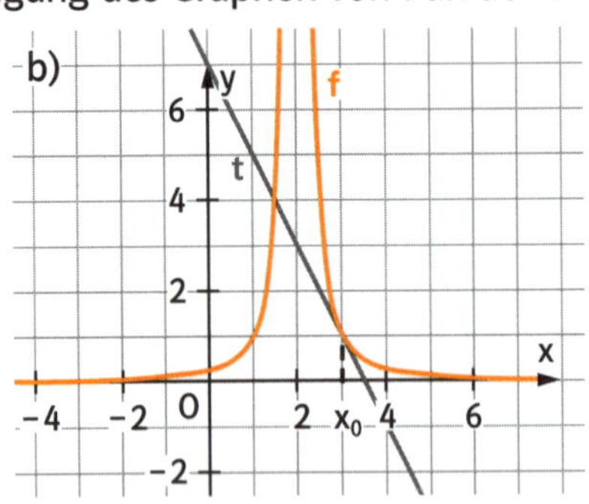

Steigung $f'($____$) =$ ____

c)

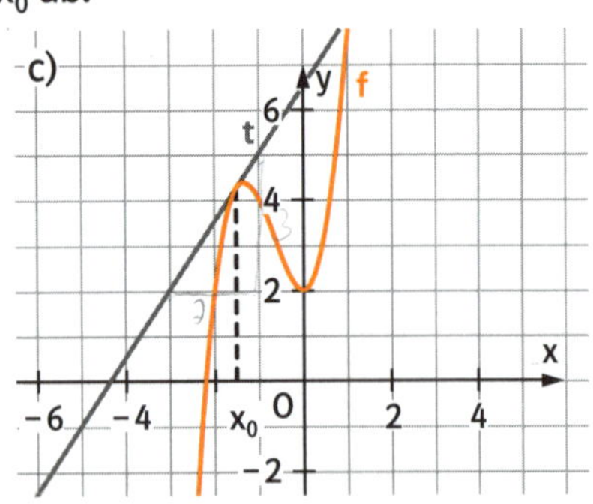

Steigung $f'($____$) =$ ____

4 Stelle eine Vermutung über die Ableitung der Funktion f an der Stelle x_0 auf, indem du zwei Differenzenquotienten für kleine Werte von h berechnest.

a) $f(x) = 2x^2$; $x_0 = 1$

Vermutung: $f'(1) =$ ____

b) $f(x) = \frac{4}{x}$; $x_0 = -1$

Vermutung: $f'($____$) =$ ____

c) $f(x) = 2\sqrt{x}$; $x_0 = 2$

Vermutung: $f'($____$) =$ ____

5 Entscheide, welches Vorzeichen die Ableitung der Funktion f mit $f(x) = x^4 - 3$ an der Stelle x_0 hat, indem du dir den Graphen vorstellst. Verbinde zusammengehörige Karten, ohne zu rechnen.

$x_0 = 0{,}5$ | $x_0 = 3$ | $x_0 = -2$ | $x_0 = -1$ | $x_0 = 0$

Ableitung null | Ableitung positiv | Ableitung negativ

Ableitung berechnen (1)

1 Berechne die Ableitung der Funktion f an der Stelle x_0.

a) $f(x) = 4x^2$; $x_0 = -1$

1. Schritt: Differenzenquotient aufstellen

$$\frac{f(\;\_\_\_\;+h)-f(\;\_\_\_\;)}{h} = \frac{4\cdot(\;\_\_\_\;+h)^2-4\cdot(\;\_\_\_\;)^2}{h}$$

2. Schritt: Differenzenquotient umformen

= ____________ = ____________

= ________ = ________

3. Schritt: Grenzwert für $h \to 0$ bestimmen

= ________ → ____ für $h \to 0$

Man erhält für die Ableitung f′(___) = ____ .

b) $f(x) = \frac{2}{x}$; $x_0 = 2$

Man erhält für die Ableitung f′(___) = ____ .

c) $f(x) = -x^2 - 2$; $x_0 = -2$

Man erhält für die Ableitung f′(___) = ____ .

2 Bestimme die Gleichung der Tangente an den Graphen der Funktion f im Punkt P.

a) $f(x) = x^2 + x$; $P(1\,|\,f(1))$

Tangentengleichung y = mx + c

m = f′(___):

m = f′(___) = ____ ; also y = __________ .

Einsetzen der Koordinaten von P(1| ___):

Die Tangente hat die Gleichung y = __________ .

b) $f(x) = -\frac{1}{x}$; $P(-2\,|\,f(-2))$

Die Tangente hat die Gleichung y = __________ .

3 Der Graph der Funktion f hat im Punkt P die Tangente t. Markiere zusammengehörige Karten.

f′(0) = 2

P(1|0,5)

t(x) = −x + 0,5

f′(1) = −1

P(0|2)

t(x) = x − 0,5

f′(0) = 0

P(0|0)

t(x) = 2

f′(1) = 1

P(1|−0,5)

t(x) = 2x

Ableitung berechnen (2)

1 Wird eine Feuerwerksrakete senkrecht gestartet, so gilt für ihre Höhe a (in m) in Abhängigkeit von der Zeit t (in s): $a(t) = -5t^2 + 40t$.

a) Die mittlere Änderungsrate von a(t) im Zeitintervall [0; 2] ist die ________________ geschwindigkeit der Rakete. Die momentane Änderungsrate a′(t) der Flughöhe entspricht der ____________________________ zum Zeitpunkt t.

b) Die Durchschnittsgeschwindigkeit der Rakete beträgt in den ersten 2 Sekunden _________ und in den nächsten 2 Sekunden _________ .

c) Die momentane Geschwindigkeit der Rakete nach 2 Sekunden beträgt _________ .

d) Überlege und begründe, wann die Geschwindigkeit der Rakete am größten ist. ____________________

____

2 Für den in der Zeit t (in s) zurückgelegten Weg s (in m) eines Schlittens gilt $s(t) = 0{,}4t^2$ für $t \in [0; 20]$.

a) Nach 10 s hat der Schlitten _________ zurückgelegt.

b) In diesen 10 s beträgt die Durchschnittsgeschwindigkeit _________ .

c) Welche Geschwindigkeit hat der Fahrer nach 10 s? Gesucht ist _____ .

Nach 10 s hat der Schlittenfahrer die Geschwindigkeit _________ .

3 Interpretiere den Differenzenquotienten $\frac{f(10) - f(5)}{5}$ und die Ableitung f′(10) im Sachzusammenhang.

a) Funktion f: zurückgelegter Weg (in km) → benötigte Benzinmenge (in l)

Der Differenzenquotient der Funktion f im Intervall [____ ; ____] gibt die mittlere Änderung der ____________________ pro _____ von Kilometer 5 bis 10 an. Diese mittlere Änderungsrate entspricht also dem durchschnittlichen ________________________ auf dieser Strecke.

Die Ableitung f′(10) gibt den momentanen ________________ nach ____ Kilometern an.

b) Funktion f: Zeit (in h) → geförderte Ölmenge (in Barrel)

Der Differenzenquotient der Funktion f im Intervall [____ ; ____] gibt die mittlere Änderung ______________ ____ an.

Diese mittlere Änderungsrate entspricht also der durchschnittlichen ______________________ in diesen Stunden. Die Ableitung f′(10) gibt die momentane ______________________________ an.

1 Ordne den Graphen A, B, C, D die Graphen der zugehörigen Ableitungsfunktion zu.

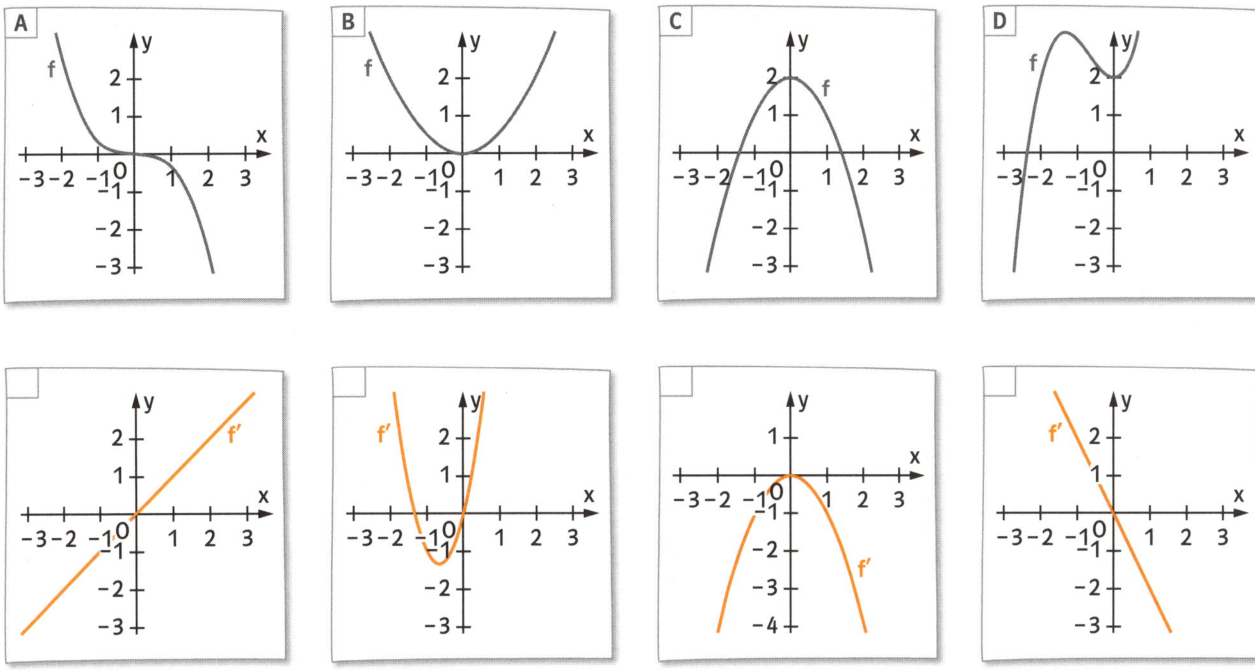

2 Bestimme die Funktionsgleichung der Ableitungsfunktion von f.

a) $f(x) = -2x^2$

$\frac{f(x_0+h) - f(x_0)}{h} = \frac{-2(\square)^2 - (-2\square^2)}{\square}$

= ______________________________

= ______________________________

= ______________ → ________ für h → 0

Funktionsgleichung von f': f'(x) = ______

b) $f(x) = 4x^2 + 4$

Funktionsgleichung von f': f'(x) = ______

3 Fülle die Lücken und skizziere dann den Graphen von f'.

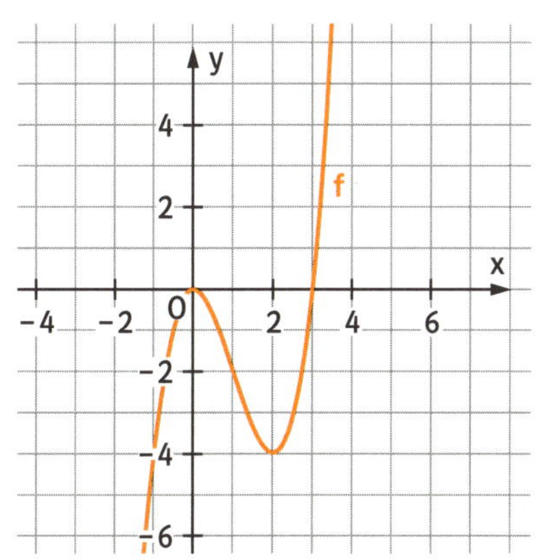

Der Graph von f hat an den Stellen ____ und ____ Tangenten, die parallel zur x-Achse verlaufen. Diese Tangenten haben daher die Steigung ____ .

Also hat f' dort ________________ .

Die Steigung des Graphen von f ist für $x < 0$ und für $x >$ ____ positiv, also verläuft der Graph von f' in diesen Intervallen ________________ der x-Achse.

Für $0 < x <$ ____ ist die Steigung von f ______________, der Graph von f' verläuft in diesem Intervall somit ________________ der x-Achse.

Um die Steigung der Tangente im Punkt P(1 | ____) näherungsweise zu bestimmen, zeichnet man die Tangente an den Graphen in diesem Punkt ungefähr ein und liest die Steigung ab. Die Steigung der Tangente ist ungefähr ____ .

1 Bestimme die Gleichung der Ableitungsfunktion von f.

a) $f(x) = x^4$ b) $f(x) = x^{-3}$ c) $f(x) = 4x^2$ d) $f(x) = \frac{1}{x^2}$

$f'(x) =$ ______

e) $f(x) = 2x^6 + x^3$ f) $f(x) = \frac{1}{4}x^4 - x^{-4}$ g) $f(x) = 0{,}5x^5 - 2x^3$ h) $f(x) = \frac{4}{x^4} + \frac{1}{x^2}$

2 Verbinde zusammengehörige Karten.

$f(x) = x^2 + tx$ | $f(x) = tx^2 + tx$ | $f(x) = x^2 - t^2x$ | $f(t) = tx^2 + tx$ | $f(t) = x^2 - t^2x$ | $f(t) = tx^2 - t^2x$

$f'(t) = -2tx$ | $f'(t) = x^2 - 2tx$ | $f'(t) = x^2 + x$ | $f'(x) = 2x + t$ | $f'(x) = 2x - t^2$ | $f'(x) = 2tx + t$

3 Kim hat Ableitungen gebildet. Kontrolliere die Ableitungen (r für richtig und f für falsch) und verbessere gegebenenfalls. Beschreibe auch, worin der Fehler besteht.

	Funktion f	Ableitung	Kontrolle und Verbesserung	Fehlerbeschreibung
a)	$f(x) = x^3 + 3$	$f'(x) = 3x^2 + 3$	f $f'(x) = 3x^2$	2. Summand wurde nicht abgeleitet
b)	$f(x) = x^{-6}$	$f'(x) = -6x^{-5}$		
c)	$f(x) = \frac{1}{x}$	$f'(x) = -\frac{1}{x^2}$		
d)	$f(x) = \frac{2}{3}x^2 - 4x$	$f'(x) = \frac{1}{3}x - 4$		
e)	$f(t) = tx^2$	$f'(t) = 2tx$		

4 Bestimme die Funktionsgleichung von f'. Wandle zuerst den Funktionsterm um.

a) $f(x) = x^2 \cdot (x - 2)$
= ______
= ______
$f'(x) =$ ______

b) $f(x) = (x + 2)^2 \cdot 5$
= ______
= ______
$f'(x) =$ ______

c) $f(x) = \frac{1}{2}(x - 4)^2$
= ______
= ______
$f'(x) =$ ______

d) $f(x) = (x + 3) \cdot (x - 2)$
= ______
= ______
$f'(x) =$ ______

e) $f(x) = (x + 5) \cdot (x - 5)$
= ______
= ______
$f'(x) =$ ______

f) $f(x) = 4 \cdot (x^4 + 3) \cdot x^2$
= ______
= ______
$f'(x) =$ ______

5 Die Funktion f' ist die Ableitungsfunktion einer Funktion f. Finde eine mögliche Funktionsgleichung für f.

a) $f'(x) = 5x^4$ b) $f'(x) = x^2$ c) $f'(x) = 4$ d) $f'(x) = 3x^2 + 2x$

$f(x) =$ ______

6 Bestimme die Gleichung der Tangente an den Graphen von f mit $f(x) = 2x^3 + 3x$ im Punkt $P(1\,|\,f(1))$.

Steigung der Tangente: $m = f'($___$)$

$f'(x) =$ ______

$m = f'($___$) =$ ______

y-Koordinate des Berührpunktes P:

$f(1) =$ ______

Tangentengleichung allgemein: y = ______
Einsetzen der Steigung m
und der Koordinaten von P: ___ = ______

______

Die Tangente hat die Gleichung ______ .

Fülle die Lücken. Für jeden Buchstaben findest du einen Strich. Löse dann die Beispielaufgaben.

Definitionsmenge

Die Menge aller ___-Werte, denen durch die Funktion f ein Funktions_ _ _ _ zugeordnet werden kann, heißt Definitionsmenge der Funktion f.

■ Bestimme die Definitionsmenge der Funktion f.

$f(x) = \frac{3}{x-2}$; D_f = ____________

Ableitung und Änderungsrate

$\frac{f(x_0 + h) - f(x_0)}{h}$ heißt Differenzenquotient der Funktion f auf dem Intervall $[x_0; x_0 + h]$. Er gibt die durchschnittliche Veränderung der Funktionswerte in diesem Intervall an. Bei Anwendungen wird der Differenzenquotient auch als _ _ _ _ _ _ _ _ _ Änderungsrate bezeichnet. Wenn der Grenzwert des Differenzenquotienten für $h \to 0$ existiert, dann heißt er _ _ _ _ _ _ _ _ _ _ von f an der Stelle x_0. Man schreibt $f'(x_0)$. Bei Anwendungen wird die Ableitung auch _ _ _ _ _ _ _ _ _ _ Änderungsrate genannt.

Wenn eine Funktion an einer Stelle x_0 eine Ableitung besitzt, dann heißt sie differenzierbar an der Stelle x_0. Eine Funktion heißt differenzierbar, wenn sie an jeder Stelle der Definitionsmenge _ _ _ _ _ _ _ _ _ _ _ _ _ _ _ _ ist.

Die Gerade mit der Steigung $f'(x_0)$ durch den Punkt $P(x_0 \mid f(x_0))$ heißt _ _ _ _ _ _ _ _ des Graphen von f in x_0.

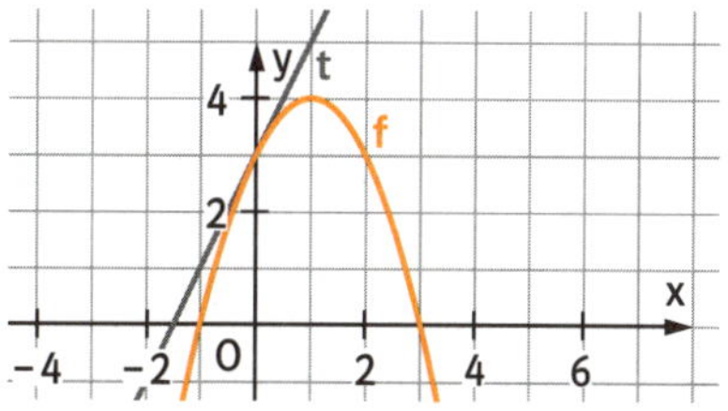

■ Gib den Differenzenquotienten im Intervall [0; 1] an.

$\frac{f(\square) - f(\square)}{\square}$ = ____________

■ Lies die Ableitung von f an den Stellen $x = 0$ und $x = 1$ ab.

$f'(0)$ = ______; $f'($___$)$ = ______

■ Gib die Gleichung der Tangente t an. y = __________

Ableitungsfunktion

Wenn eine Funktion f für alle $x \in D_f$ differenzierbar ist, wird unter der Ableitungsfunktion f′ diejenige Funktion verstanden, die jeder Stelle der Definitionsmenge D_f die _ _ _ _ _ _ _ _ _ _ $f'(x)$ zuordnet.
Die Ableitungsfunktion f′ heißt auch Ableitung von f.

■ Skizziere den Graphen von f′.

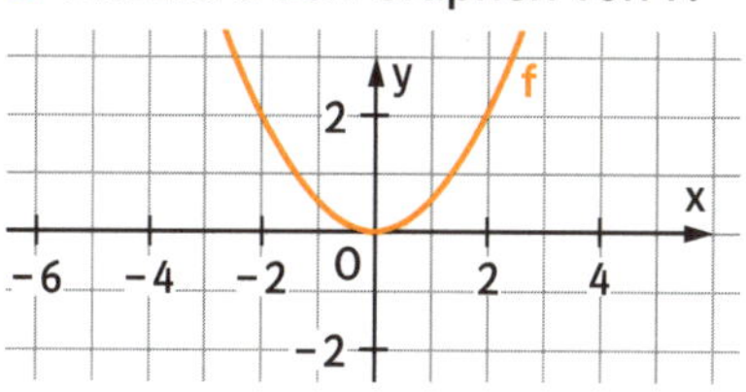

Rechnerische Bestimmung der Ableitung

- Aufstellen des Differenzenquotienten $\frac{f(x_0 + h) - f(x_0)}{h}$
- Umformen des Differenzenquotienten, sodass h im Nenner wegfällt oder dass der Nenner für $h \to 0$ gegen einen Wert ungleich null strebt.
- Bestimmen des _ _ _ _ _ _ _ _ _ _ _ des Differenzenquotienten für $h \to 0$.
- Angeben der Funktionsgleichung von f′.

■ Bestimme rechnerisch die Ableitung von f mit $f(x) = 0{,}5x^2$.

$\frac{0{,}5(x_0 + h)^2 - 0{,}5x_0^2}{h}$ = __________

= ____________________

= __________ → ______ für $h \to 0$

Also gilt $f'(x)$ = _____.

Ableitungsregeln

Potenzregel:
Für eine Funktion f mit $f(x) = x^z$, $z \in \mathbb{Z}$, gilt: $f'(x)$ = ____ $\cdot x^{z-1}$.
Faktorregel:
Für eine Funktion f mit $f(x) = r \cdot g(x)$, $r \in \mathbb{R}$, gilt: $f'(x)$ = ____ $\cdot g'(x)$.
Summenregel:
Für die Funktion f mit $f(x) = g(x) + h(x)$ gilt: $f'(x) = g'(x) + h'(x)$.

■ Bestimme die Ableitung.

$f(x) = x^{0,5}$ $f'(x)$ = __________

$f(x) = x^{-3}$ $f'(x)$ = __________

$f(x) = 2x^3$ $f'(x)$ = __________

$f(x) = x^{-1} + 3x^2$ $f'(x)$ = __________

1 In der nebenstehenden Abbildung ist der Graph einer ganzrationalen Funktion f abgebildet. Gib näherungsweise folgende charakteristische Punkte und Stellen an und markiere sie im Koordinatensystem:

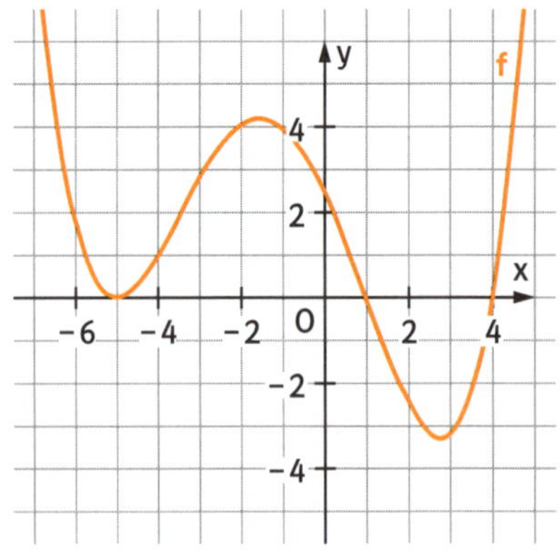

Hochpunkt: H(______ | ______)

Tiefpunkte: T_1(______ | ______); T_2(______ | ______)

Schnittpunkte mit den Achsen:

x-Achse: N_1(______ | ______) = ______ ; N_2(______ | ______);

N_3(______ | ______)

y-Achse: S(______ | ______)

Nullstellen: x_1 = ______ ; x_2 = ______ ; x_3 = ______

2 Gegeben sind die folgenden charakteristischen Punkte des Graphen einer Funktion f. Skizziere einen möglichen Graphen.

Hoch- und Tiefpunkte:
$H(2 \mid -1{,}2)$; $T_1(-0{,}7 \mid -6{,}2)$; $T_2(4 \mid -3)$

Achsenschnittpunkte:
$N_1(-2 \mid 0)$; $N_2(5 \mid 0)$; $S(0 \mid -5)$

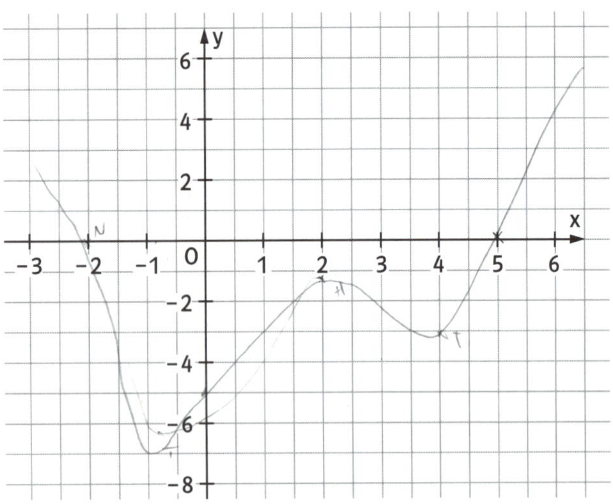

3 Gib mithilfe des GTR die charakteristischen Punkte des Graphen von f mit $f(x) = -\frac{1}{5}x^3 + \frac{3}{10}x^2 + \frac{18}{5}x + \frac{2}{5}$ im Intervall [−6; 6] näherungsweise an und skizziere den Graphen.

Hoch- und Tiefpunkte:

____

Achsenschnittpunkte:

____

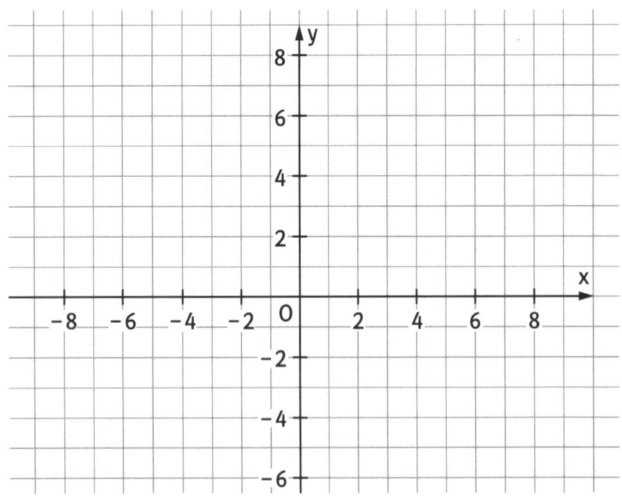

4 Das nebenstehende Schaubild beschreibt die Steiggeschwindigkeit v eines Heißluftballons, der sich zum Zeitpunkt t = 0 min in einer Höhe von 200 m befindet. Kreuze alle wahren Aussagen an. Die zugehörigen Buchstaben ergeben richtig angeordnet den Namen eines Vogels.

- ☐ Nach 2,5 min erreicht der Ballon seine niedrigste Höhe. (I)
- ☒ Der Ballon hat zwischen Minute 6 und Minute 7 seine höchste Steiggeschwindigkeit erreicht. (H)
- ☐ Zwischen Minute 6 und Minute 7 steigt der Ballon um 18 m. (C)
- ☒ Der Ballon befindet sich 4 min lang im Steigflug. (E)
- ☐ Der Ballon hat zu Beginn seine niedrigste Steiggeschwindigkeit. (A)
- ☐ Nach 5 min beträgt die Höhe 200 m. (N)
- ☐ Der Ballon hat nach 5 min seine niedrigste Höhe erreicht. (P)
- ☒ Die maximale Geschwindigkeit beträgt weniger als 2 km/h. (S)
- ☐ Der Graph der Funktion h(t), die die Höhe des Ballons beschreibt, hat bei t = 9 einen Hochpunkt. (T)

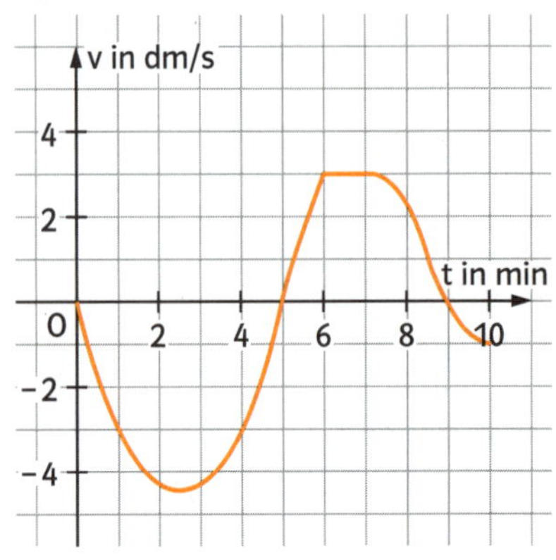

Lösungswort: ________________

Nullstellen

1 Bestimme die Lösungen der folgenden Gleichungen möglichst im Kopf. Ordne die richtigen Lösungskarten zu. Die Buchstaben auf den übrigen Lösungskarten ergeben den Ort, an dem 1952 die Olympischen Sommerspiele stattfanden: ______________

a) $(x-5)\cdot(2x+4)=0$ U b) $(x^2+9)\cdot(x+9)=0$ N c) $(x+3)^1\cdot(3x+1)=0$ O

d) $x^3+6x^2=0$ P e) $(2x-5)\cdot(5x+2)=0$ ____ f) $x^6-8x^3=0$ ____

g) $(4-x^2)\cdot(2+x^4)=0$ ____ h) $x^5-4x^4=0$ ____ i) $(x^2+2)\cdot\sqrt{x-5}=0$ ____

- H | $x_1=5;\ x_2=-\frac{1}{2}$
- O | $x_1=-3;\ x_2=-\frac{1}{3}$
- S | $x_1=8;\ x_2=-6$
- C | $x_1=2;\ x_2=-2$
- K | $x_1=-\frac{5}{2};\ x_2=\frac{2}{5}$
- M | $x_1=0;\ x_2=2$
- E | $x_1=0;\ x_2=\frac{5}{4}$
- F | $x_1=\frac{5}{2};\ x_2=-\frac{2}{5}$
- A | $x=5$
- D | $x_1=0;\ x_2=4$
- I | $x_1=0;\ x_2=6$
- I | $x_1=3;\ x_2=-3;\ x_3=-9$
- T | $x=-9$
- L | $x_1=2;\ x_2=-2;\ x_3=-0{,}5$
- U | $x_1=5;\ x_2=-2$
- P | $x_1=0;\ x_2=-6$
- N | $x_1=-3;\ x_2=-9$

2 Bestimme die Nullstellen von f.

a) $f(x)=3x^3+10x^2-8x$

Gleichung zur Bestimmung der Nullstellen von f:

______________ = 0

Ausklammern: ______________ ;

somit gilt x_1 = ____ .

Lösen der verbleibenden Gleichung:

x_2 = ____ ; x_3 = ____

b) $f(x)=\frac{1}{2}x^4-5x^2+12$

Gleichung zur Bestimmung der Nullstellen von f:

____

Substitution: ______________ ; somit ergibt sich die Gleichung ______________ .

Lösen der Gleichung:

x_1 = ____ ; x_2 = ____ ; x_3 = ____ ; x_4 = ____

3 Der nebenstehende Graph beschreibt die Beschleunigung eines Rennwagens während eines Rennens.

Ergänze: Der Wagen verringert seine Geschwindigkeit zwischen Sekunde ____ und Sekunde ____ .

Im dargestellten Zeitintervall erreicht seine Geschwindigkeit Höchstwerte nach ____ s und nach ____ s.

Tiefstwerte hat die Geschwindigkeit bei ____ s und ____ s.

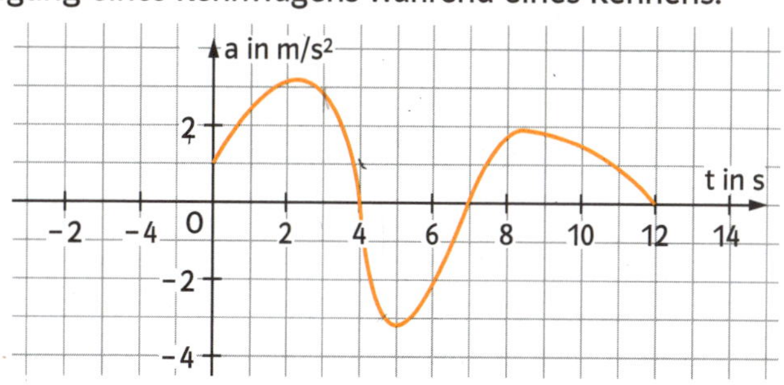

4 Von den folgenden Funktionen sollen die Nullstellen bestimmt werden.
Welches Rechenverfahren eignet sich als erster Schritt zur Berechnung der Nullstellen?

abc-Formeln: ______________ Substitution: ______________ Ausklammern: ______________

- $f_1(x)=x^2+x$
- $f_2(x)=5x^5+3x^3+x$
- $f_3(x)=4x^4-2x^2+1$
- $f_4(x)=4x^4-2x^2$
- $f_5(x)=-5x^2+8x-2$
- $f_7(x)=x^4-3x^2$
- $f_6(x)=2x^6-4x^3+1$
- $f_8(x)=2x^3-6x^2+2x$
- $f_9(x)=8x^9+9x^8$
- $f_{10}(x)=3x^2\cdot 2x-8x$

Monotonie

1 Entscheide, ob die Funktion monoton oder streng monoton ist.

Aussage	monoton	streng monoton	nicht monoton
a) bei einem Fußballspiel: Spieldauer ⟶ Anzahl der erzielten Tore	○	○	○
b) beim Sprung vom 3-m-Brett: Größe des Kindes ⟶ maximale Eintauchtiefe	○	○	○
c) beim Joggen: Zeit ⟶ „verbrannte" Kalorien	○	○	○
d) bei der Batterie eines MP3-Players: Zeit ⟶ gespeicherte Energie	○	○	○
e) an einem Sommertag: Sonnenscheindauer ⟶ Temperatur	○	○	○
f) bei der Ausbreitung einer Krankheit: Zeit ⟶ infizierte Personen	○	○	○
g) bei zylindrischen 1-Liter-Dosen: Höhe der Dose ⟶ Radius der Dose	○	○	○

2 Kennzeichne auf der x-Achse alle Intervalle, in denen die Funktion f streng monoton wachsend ist.

a)

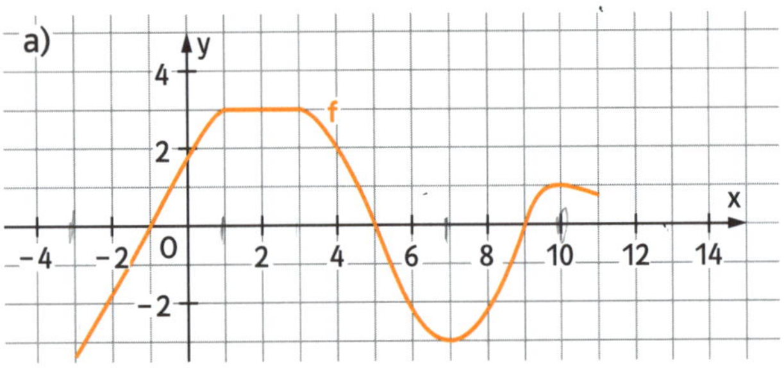

b)

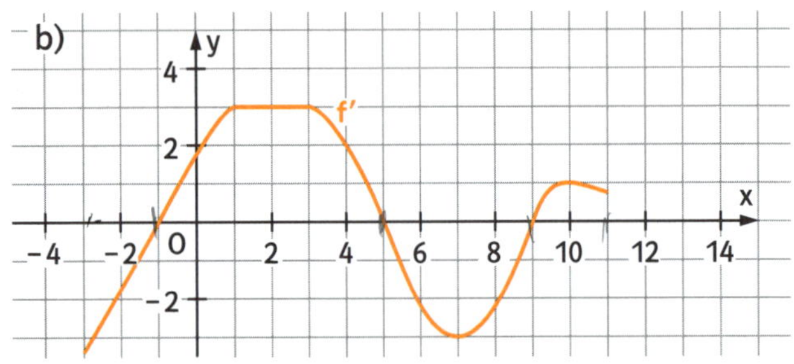

3 Untersuche die Funktion f auf Monotonie. Benutze den Monotoniesatz.

a) $f(x) = x^3 - 3x^2 + 1$ D_f = ______

Ableitung von f: $f'(x)$ = $3x^2 - 6x$; $D_{f'}$ = ______

Bestimmung der Nullstellen von f': $3x^2 - 6x$ = 0

Ausklammern: $3x(x-2)$ = 0

Nullstellen: x_1 = 0 ; x_2 = 2

Monotonieintervalle: $I_1 = (-\infty;$ 0 $)$;

I_2 = 0 ; 2 ; I_3 = 2 ; ∞

Wegen $f'(-1)$ = 9 > 0 nimmt f' in I_1 nur positive Werte an. Nach dem Monotoniesatz ist f in I_1 streng monoton wachsend. Ebenso gilt:

$f'(1)$ = −3 < 0 . f ist in I_2 streng monoton fallend . $f'(3)$ = 9 > 0 .

f ist in I_3 streng monoton wachsend .

b) $f(x) = -2x^3 + 30x - 17$ D_f = ______

Ableitung von f: $f'(x)$ = ______ ; $D_{f'}$ = ______

Bestimmung der Nullstellen von f':

4 Ergänze die Argumentation.

a) Tanja: „Bei jeder Nullstelle von f' wechselt f das Monotonieverhalten."
Arne: „Nein, denn die Funktion f mit $f(x) = x^3$ ist streng monoton wachsend auf ℝ, ihre Ableitung ______________________________."

b) Arne: „Wenn g' keine Nullstelle besitzt, dann ändert sich das Monotonieverhalten von g nicht." Tanja: „Irrtum, Arne. Dies gilt zwar für alle ganzrationalen Funktionen, aber nicht für Funktionen mit ______________________, wie zum Beispiel die Funktion g mit $g(x) = \frac{1}{x^2} - 1$."

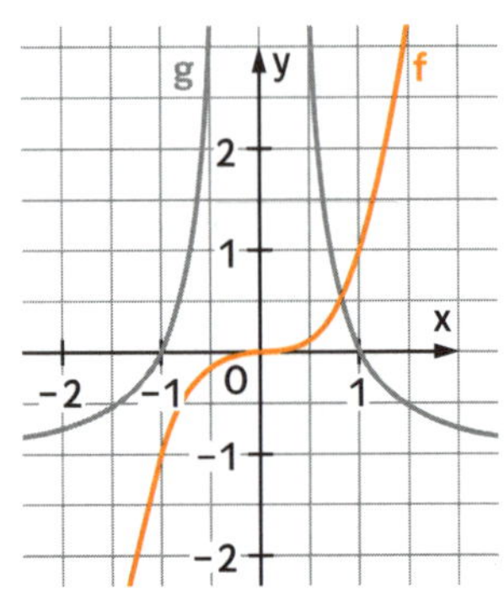

1 Zur Bestimmung der Extremstellen von f wurde der Funktionsterm von f′ faktorisiert: $f'(x) = 5 \cdot (x + 4) \cdot (x - 1) \cdot (x - 3)^2$. Entscheide, ob an den Nullstellen von f′ ein Hoch-, Tief- oder Sattelpunkt des Graphen von f vorliegt.

Die Nullstellen von f′ sind: x_1 = _____ ; x_2 = _____ ; x_3 = _____ .

Untersuchung der Nullstelle −4:
(x − 1) nimmt in der Nähe von −4 stets ein negatives Vorzeichen an.
(x + 4) hat für $x < -4$ ein negatives Vorzeichen und für $x > -4$ ein positives Vorzeichen, wechselt also bei −4 das Vorzeichen von − nach +.
Für $(x - 3)^2$ ergibt sich in der Nähe von −4 stets ein positives Vorzeichen. Das Vorzeichenverhalten von f′ erhält man nun durch „Multiplikation der Vorzeichen".

Untersuchung auf Vorzeichenwechsel von f′:

Nullstelle	−4	1	
(x − 1)	−	___ nach ___	
(x + 4)	− nach +	+	
$(x - 3)^2$	+		
f′(x)	+ nach −	___ nach ___	

Ergebnis: An der Stelle _____ hat der Graph von f einen __________ .

An der Stelle _____ hat der Graph von f einen __________ und an der Stelle ____ einen __________ .

2 Bestimme ohne GTR die Extrempunkte des Graphen von f.

a) $f(x) = x^4 - 6x^2 + 3$

Ableitung: f′(x) = __________

Nullstellen von f′ bestimmen: __________ = 0

Faktorisieren: __________ = 0

Nullstellen von f′: x_1 = _____ ; x_2 = _____ ; x_3 = _____

Untersuchung auf Vorzeichenwechsel von f′:

Nullstelle	0	1	3
4x	− nach +	+	+
$(x^2 - 3)$	−	− nach +	+
f′(x)	+ nach −	− nach +	+
	H	T	S

Extrempunkte des Graphen von f:

f(0) = _____ ; H ________

f(_____) = __________ ; T_1(__________)

f(_____) = __________ ; T_2(__________)

b) $f(x) = \frac{1}{2}x^4 + \frac{4}{3}x^3 - 3x^2 + 5$

Ableitung: f′(x) = __________

Faktorisieren: f′(x) = __________

Untersuchung auf Vorzeichenwechsel von f′:

Nullstelle	0	−√3	√3
2x	− nach +	+	−
(x − 1)	−	− nach +	−
(x + 3)	+	+	− nach +
f′(x)	+ nach −	− nach +	− nach +

Extrempunkte des Graphen von f:

3 a) Skizziere den Graphen von f′:

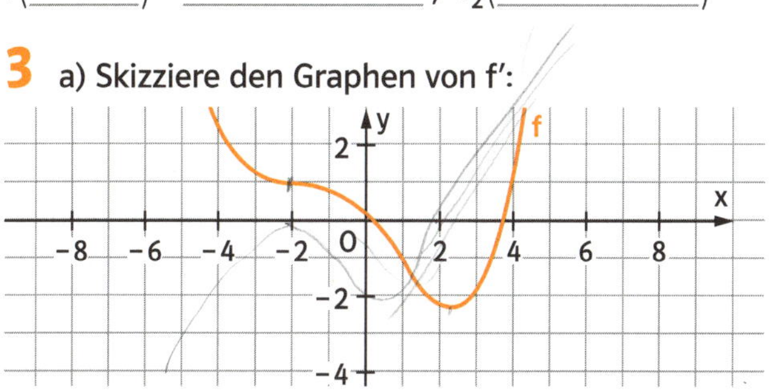

b) Skizziere den Graphen von f mit f(0) = 0.

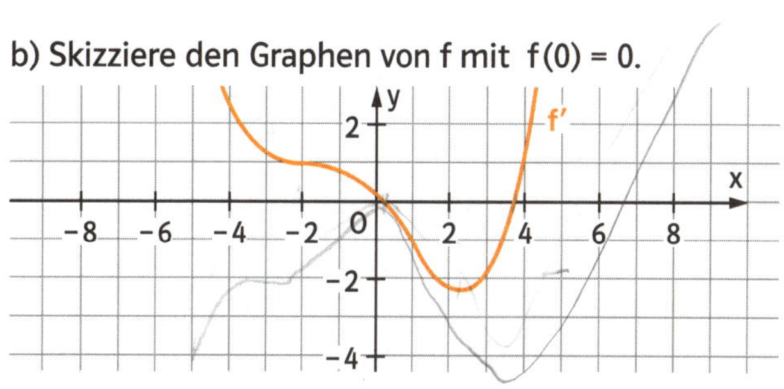

1 Gegeben sind die Graphen von f′, g′ und h′.

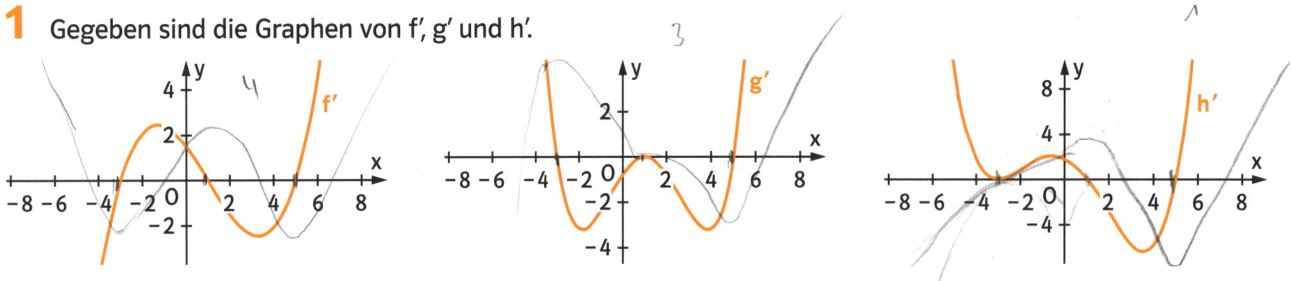

Unter den folgenden Graphen befinden sich die Graphen von f, g und h. Beschrifte sie.

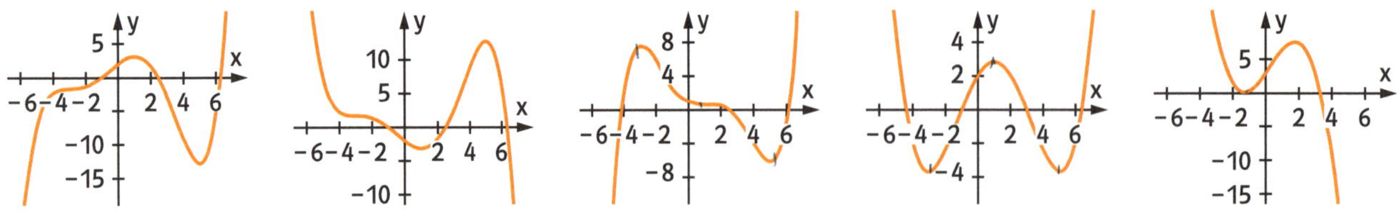

2 Bestimme die Extrempunkte des Graphen von f und skizziere damit den Graphen von f mit
$f(x) = x^3 - 3x^2 - 9x - 5$.

Nullstellen von f′: $3x^2 - 6x - 9 \quad :3 \;/\; x^2 - 2x - 3$

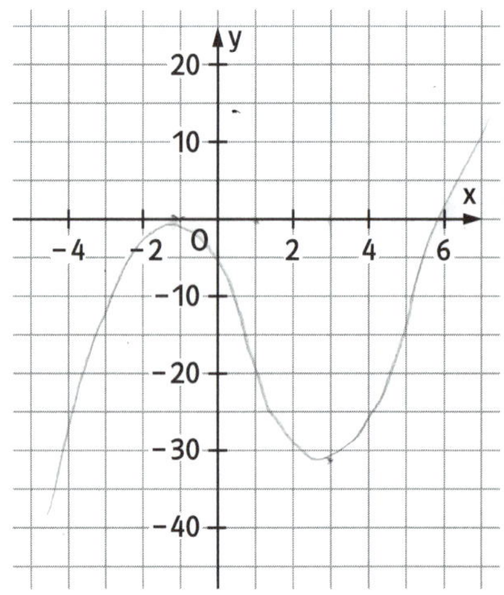

Überprüfung auf Vorzeichenwechsel:

Bei x_1 = ______ hat f′ einen Vorzeichenwechsel von ________________ .

Bei x_2 = ______ hat f′ einen Vorzeichenwechsel von ________________ .

Extrempunkte: ___________ und ___________

3 Für jedes $a > 0$ ist eine Funktion f_a gegeben mit $f_a(x) = ax^3 - 6x^2 + 4$.
Gib die Koordinaten aller Extrempunkte der Graphen von f_a an (gegebenenfalls in Abhängigkeit von a).

Die gesuchten Extremstellen sind die ____________ von f_a' mit Vorzeichenwechsel.

Ableitung: $f_a'(x)$ = ________________

Nullstellen von f_a': ________________ = 0; ____ ·(________) = 0 ; x_1 = ____ ; x_2 = ____

Überprüfung auf Vorzeichenwechsel:

f_a' hat bei x_1 = ____ einen Vorzeichenwechsel von ___________ und bei x_2 = ____ wegen $a > 0$ einen Vorzeichenwechsel von ______________ .

Berechnung der Extremwerte: f_a(____) = ____

f_a(____) = ______________________________

Der Graph von f_a hat die Extrempunkte ______________ und ________________ .

Extremwerte – lokal und global

1 Gib die gesuchten Punkte und Werte an.

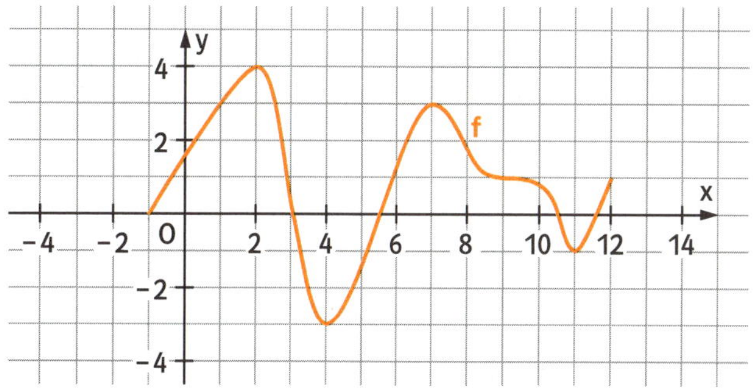

a) Für den Graphen von f mit $D_f = [-1; 12]$:

Lokale Extrempunkte: ______________________

____

Globale Extrempunkte: ______________________

Globales Maximum: ____________

Lokale Maxima: ____________

Randextrema: ________ Randmaximum: ____________

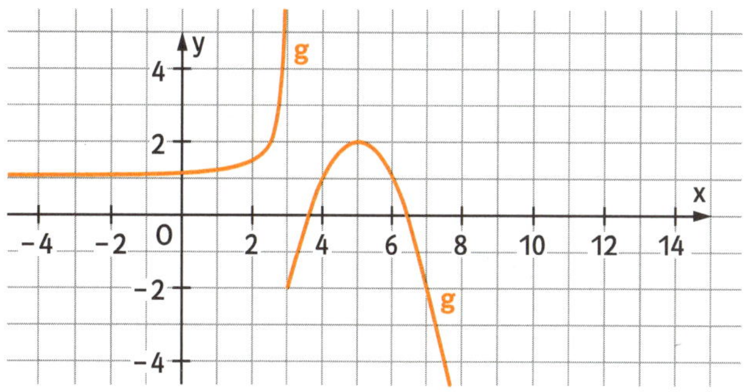

b) Für den Graphen von g mit $D_g = \mathbb{R}$ und $g(3) = -2$:

Lokale Extrempunkte: ______________________

Globales Maximum: ______________________

2 Christian möchte für eine Tischplatte aus dem abgebildeten Holzrest ein möglichst großes rechteckiges Stück aussägen (alle Angaben in cm). Welchen Flächeninhalt kann die Tischplatte höchstens haben? Wie ist der Punkt P zu wählen?

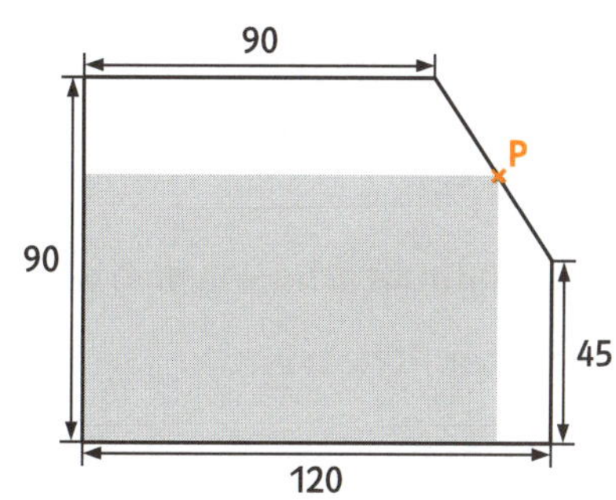

Für den Flächeninhalt A der Tischplatte gilt: A = $u \cdot v$.
Um zu bestimmen, wie die Variablen u und v voneinander abhängen, kann man ein Koordinatensystem und die Punkte Q und R einführen.

Dabei gilt: Q(______|______) und R(______|______).

Berechnung der Gleichung der Geraden durch Q und R:

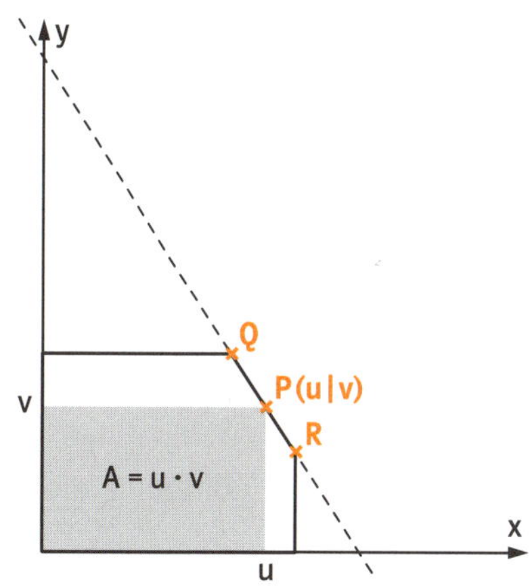

Zusammenhang zwischen v und u: v = ______________

Für den Flächeninhalt der Platte ergibt sich:

$A = A(u) = u \cdot v = u \cdot ($ ______________ $)$ für ______ $\leqq u \leqq$ ______ .

Der maximale Flächeninhalt ergibt sich für u = __________ .

Die Fläche der Platte beträgt dann ________ cm^2.

3 Untersuche mit dem GTR, ob die Funktion f mit $f(x) = \frac{1}{4}x^3 - 1{,}5x^2$ bezüglich des angegebenen Definitionsbereichs ein globales Maximum oder globales Minimum besitzt. Falls ja, gib die Koordinaten der zugehörigen Extrempunkte näherungsweise an.

a) $D = [-5; 5]$ ______________________

b) $D = (0; \infty)$ ______________________

c) $D = [0; 6]$ ______________________

d) $D = \mathbb{R}$ ______________________

1 Tina hat zwei 3 m lange und 30 cm breite Bretter und möchte daraus ein 30 cm tiefes Bücherregal mit fünf gleich hohen Fächern bauen. Wie hoch und wie breit wird ein solches Fach, wenn sie ein Bücherregal mit maximalem Volumen herstellt?

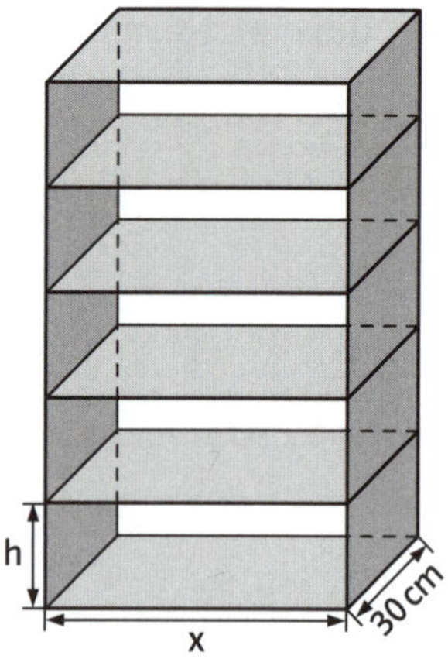

Aufstellen einer Funktion mit mehreren Variablen für das Volumen des Regals:

V_{Regal} = ______________ = ______________ ; x und h in ________ .

Aufstellen einer Bedingung, die die Variablen ____ und ____ erfüllen müssen:

Da ein Brett 3 m lang ist, gilt ______________ . Damit lässt sich die Höhe h

in Abhängigkeit von x folgendermaßen ausdrücken: h (x) = ____________ .

Einsetzen von h (x) in die Formel für das Volumen des Regals führt auf die Funktion:

V_{Regal} = V (x) = ______________________ = ______________________ , ____ ≦ x ≦ ____ .

Bestimmung der Extremwerte der Funktion V (x):

Das größtmögliche Volumen des Regals beträgt ________ . Es ergibt sich bei einer Breite x von ________

und einer Höhe h von ________ . Für die waagerechten Bretter werden genau ______ % des gesamten Holzes benötigt.

2 Ein Pharmaunternehmen stellt Kapseln her. Ihre Form besteht aus einem Zylinder mit zwei aufgesetzten Halbkugeln. Die Kapseln sollen einen Rauminhalt von 0,5 Milliliter haben. Die Dicke der Kapselwand kann vernachlässigt werden.

Bei welchem Zylinderradius x wird die Oberfläche der Kapsel minimal?
Aufstellen einer Funktion mit mehreren Variablen für die Oberfläche der Kapsel (alle Längenangaben in mm):

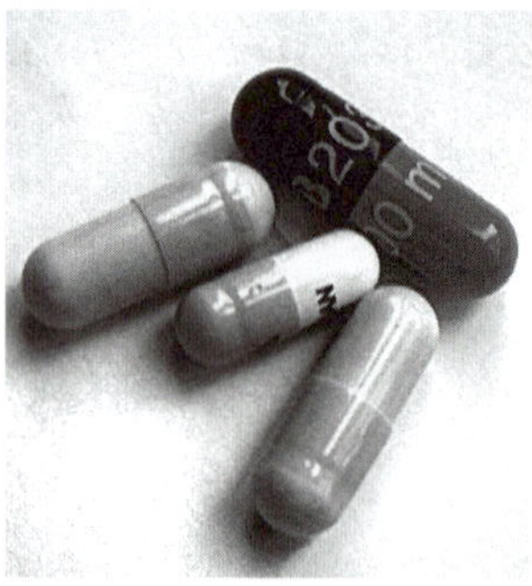

Allgemein gilt: $O_{Zylindermantel}$ = ____________ und O_{Kugel} = __________ .

Damit ergibt sich: O_{Kapsel} = ____________________ .

Aufstellen einer Bedingung, die die Variablen ____ und ____ erfüllen müssen:

$V_{Zylinder}$ = ____________ , V_{Kugel} = ________ und somit V_{Kapsel}(x) = ____________________ .

Da das Kapselvolumen 0,5 ml bzw. ________ mm^3 beträgt, lässt sich die Zylinderhöhe h in Abhängigkeit

von x folgendermaßen ausdrücken: h (x) = ____________ .

Einsetzen von h (x) in die Formel für die Oberfläche der Kapsel führt auf die Funktion:

O_{Kapsel} = O (x) = ______________________________ , ____ < x ≦ ________ .

Bestimmung der Extremwerte der Funktion O (x):

Die kleinstmögliche Oberfläche beträgt ____________ . Sie ergibt sich bei einem Radius von ________ und

einer Höhe h von ________ . Eine solche Kapsel hat die geometrische Form einer ____________ .

Verhalten eines Graphen für große x

1 Ergänze die Tabelle für eine Funktion der Form $f(x) = a \cdot x^n$; $n \in \mathbb{N}$; $n > 0$ und skizziere einen möglichen Verlauf des Graphen von f.

a > 0				a < 0			
n gerade		n ungerade		n gerade		n ungerade	
$x \to -\infty$	$x \to +\infty$	$x \to -\infty$	$x \to +\infty$	$x \to -\infty$	$x \to +\infty$	$x \to -\infty$	$x \to +\infty$
$f(x) \to$ ___	$f(x) \to$ ___	$f(x) \to$ ___	$f(x) \to$ ___	$f(x) \to$ ___	$f(x) \to$ ___	$f(x) \to$ ___	$f(x) \to$ ___
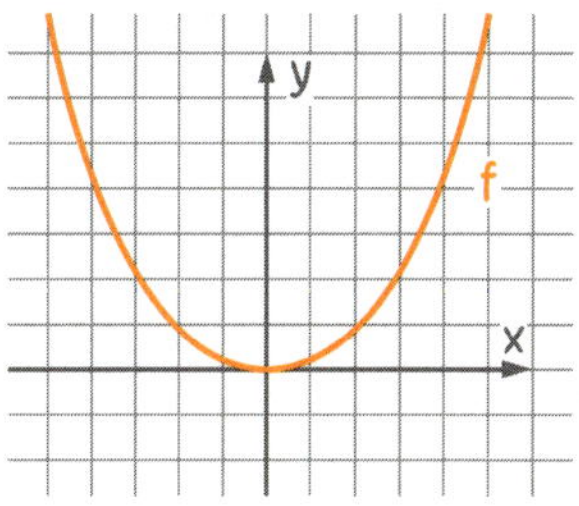							

2 Bestimme das Verhalten von f für $x \to \pm\infty$.

a) $f(x) = -3x^4 + 999x^3 - 1$ Für $x \to -\infty$ gilt: $f(x) \to$ ______. Für $x \to +\infty$ gilt: $f(x) \to$ ______.

b) $f(x) = 4x^3 - \frac{3}{x^4}$ Für $x \to -\infty$ gilt: $f(x) \to$ ______. Für $x \to +\infty$ gilt: $f(x) \to$ ______.

c) $f(x) = \frac{2}{x^5} - \frac{5}{x^2}$ Für $x \to -\infty$ gilt: $f(x) \to$ ______. Für $x \to +\infty$ gilt: $f(x) \to$ ______.

d) $f(x) = 7^4x^2 - 4^2x^7 - 47^2$ Für $x \to -\infty$ gilt: $f(x) \to$ ______. Für $x \to +\infty$ gilt: $f(x) \to$ ______.

3 Forme den Funktionsterm von f so um, dass du das Verhalten von f für $f(x) \to \pm\infty$ bestimmen kannst.

a) $f(x) = (1 - 2x^2) \cdot (3 - x) =$ ____________________ = ____________________

Für $x \to -\infty$ gilt: $f(x) \to$ ______. Für $x \to +\infty$ gilt: $f(x) \to$ ______.

b) $f(x) = \frac{4x^5 - 500x^4 - 450}{-20x} =$ ____________________

Für $x \to -\infty$ gilt: $f(x) \to$ ______. Für $x \to +\infty$ gilt: $f(x) \to$ ______.

c) $f(x) = \frac{8x^3 - 6}{2x^4} =$ ____________________

Für $x \to -\infty$ gilt: $f(x) \to$ ______. Für $x \to +\infty$ gilt: $f(x) \to$ ______.

Die x-Achse ist ____________________.

4 Gegeben ist f mit $f(x) = -\frac{1}{5}x^3 + 8x^2 + 3x - 4$.

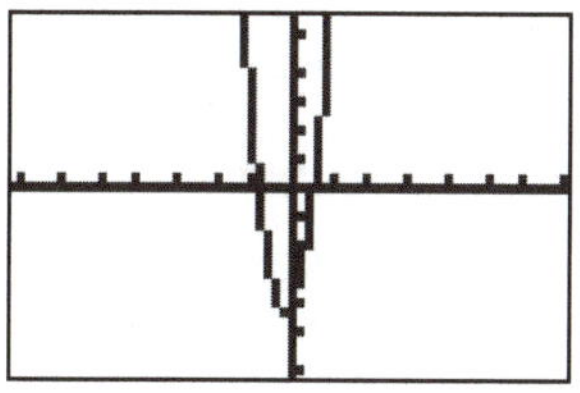

a) Für $x \to -\infty$ gilt: $f(x) \to$ ______. Für $x \to +\infty$ gilt: $f(x) \to$ ______.

b) Marios GTR zeigt den Graphen von f. Begründe, warum das GTR-Bild nicht im Widerspruch zu Teilaufgabe a) steht. ____________________

____

5 Gegeben ist eine Funktion f mit $f(x) = a \cdot x^b$; $b \in \mathbb{N}$; $b > 1$; $a \neq 0$.

a) Gib die Funktionsgleichung von f′ an: ____________________.

b) Für $x \to \pm\infty$ gilt $f(x) \to +\infty$.

Dann folgt: Für $x \to -\infty$ gilt $f'(x) \to$ ______ und für $x \to +\infty$ gilt $f'(x) \to$ ______.

c) Für $x \to -\infty$ gilt $f(x) \to +\infty$ und für $x \to +\infty$ gilt $f(x) \to -\infty$.

Dann folgt: Für $x \to -\infty$ gilt $f'(x) \to$ ______ und für $x \to +\infty$ gilt $f'(x) \to$ ______.

Fülle die Lücken. Für jeden Buchstaben findest du einen Strich. Löse dann die Beispielaufgaben.

Charakteristische Punkte

Charakteristische Punkte eines Graphen sind die Schnittpunkte mit den _ _ _ _ _ _ sowie die _ _ _ _- und Tiefpunkte.
Der x-Wert eines Schnittpunkts mit der x-Achse heißt _ _ _ _ _ _ _ _ _ _ _.
Bei einem Tiefpunkt T(u | v) heißt v _ _ _ _ _ _ _ _ _ _ _ _ _ _ und u _ _ _ _ _ _ _ _ _ _ _ _ _ _.

■ Schnittpunkte mit den Achsen: ____________ ____________

Extremstellen: ____________

Lokales Minimum: ______

3 ist ein ______________________________.

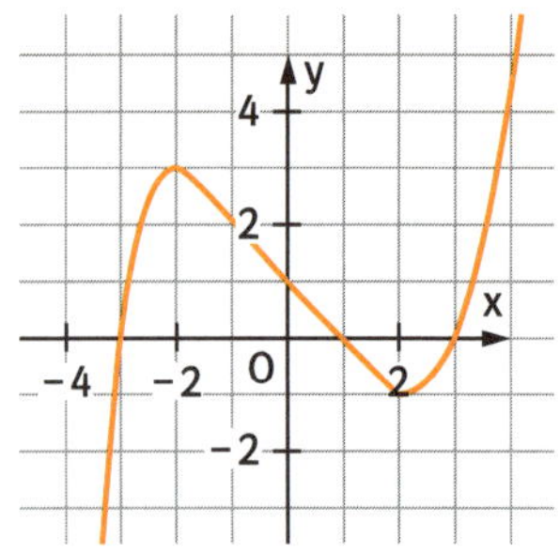

Nullstellen

Die Nullstellen von f sind die Lösungen der Gleichung $f(x) = 0$. Nützliche Rechenverfahren sind Ausklammern, Substitution und _ _ _-Formeln.

■ Nullstellen von f mit $f(x) = x^3 - 3x^2$:

Gleichung: ______________________________

Ausklammern: ______________________________

Ergebnis: x_1 = _____ ; x_2 = _____

Monotonie

f ist streng monoton _ _ _ _ _ _ _ _ _ in einem Intervall I, wenn für alle x_1, x_2 aus I mit $x_1 < x_2$ gilt: $f(x_1) < f(x_2)$.
Monotoniesatz: Wenn $f'(x)$ __ 0 für alle x aus I, dann ist f _ _ _ _ _ _ _ _ _ _ _ _ _ _ _ wachsend in I.

■ Monotonieverhalten von g mit $g(x) = x^2 - 5x + 7$:

Ableitung: $g'(x)$ = __________

Bei x = _____ wechselt g' sein Vorzeichen von _____ nach _____ . g ist streng monoton wachsend in _______ und streng monoton fallend in _______ .

Hoch- und Tiefpunkte

f hat an der Stelle x_0 ein Maximum, wenn gilt: $f'(x_0) = 0$ und f' wechselt bei x_0 sein Vorzeichen von __ nach __ .

An einer Stelle x_0 mit $f'(x_0) = 0$, an der f' sein Vorzeichen nicht wechselt, hat f einen _ _ _ _ _ _ _ _ _ _ _ _.

■ Hoch- und Tiefpunkte des Graphen von f mit $f(x) = x^3 - 3x^2$:

$f'(x)$ = ______________ = ______ · (__________)

$f'(x) = 0$ hat die Lösungen x_1 = _____ ; x_2 = _____ .

Bei x_1 = _____ wechselt f' sein Vorzeichen von _____ nach _____ , bei x_2 = _____ von _____ nach _____ .

Hoch- und Tiefpunkte: _________ ; _________

Randextrema

Hat eine Funktion eine Extremstelle am Rand des Definitionsbereichs, so spricht man von einem _ _ _ _ _ _ _ _ _ _ _ _ _. Randextrema sind zumindest lokale Extrema.
Das größte aller lokalen Maxima bezeichnet man als das _ _ _ _ _ _ _ Maximum.

■ Gegeben: f mit $f(x) = x^3 - 3x^2$; $x \in \left[-\frac{1}{2}; 4\right]$

Tiefpunkte: ______________________________

Hochpunkte: ______________________________

Randextrema: ______________________________

Globales Minimum und Maximum: _____ und _____

Verhalten für $x \to \pm\infty$

Ist f eine Summe von Potenzfunktionen, so wird das Verhalten für $x \to \pm\infty$ durch den Summanden mit der _ _ _ _ _ _ _ _ _ x-Potenz bestimmt.

■ Gegeben: f mit $f(x) = x^3 - 3x^2$

Für $x \to -\infty$ gilt $f(x) \to$ ______ .

Für $x \to +\infty$ gilt $f(x) \to$ ______ .

1 Ergänze.

	Funktionsgleichung	Funktionswert	Definitionsmenge
a)	$f(x) = \frac{4}{4+x}$	$f(1) =$	
b)	$f(x) = \frac{2}{x^2-1}$	$f(0) =$	
c)	$f(x) = \sqrt{x-5}$	$f(10) =$	
d)	$f(x) = \sqrt{x^2-16}$	$f(5) =$	
e)	$f(x) = \frac{1}{\sqrt{x-3}}$	$f(4) =$	

2 Ergänze die Aussagen passend zur Kurzform.

a) $f(2) = 4$:
Die Funktion f nimmt an der ______________ 2 den ______________ 4 an.

b) $f(9) = 3$:
Durch die Funktion f wird der Zahl 9 die Zahl ______________________________.

c) $D_f = \mathbb{R} \setminus \{2\}$:
Zur Definitionsmenge von f gehören ______________________________.

3 Bestimme den Wert des Differenzenquotienten der Funktion f mit $f(x) = \frac{1}{x} - 2x$.

a) im Intervall [1; 2]

Ergebnis: ____________

b) im Intervall [0,5; 1]

Ergebnis: ____________

c) im Intervall [1,5; 2]

Ergebnis: ____________

d) im Intervall [1,9; 2]

Ergebnis: ____________

4 Gegeben ist die Funktion f mit $f(x) = x^3 - 4x^2 + 5$. Bestimme vom Graphen von f näherungsweise

a) die Hoch- und Tiefpunkte: ______________________________

b) die Schnittpunkte mit den Koordinatenachsen: ______________________________

c) die Schnittstellen mit der Geraden mit der Gleichung $y = 3$: ______________________________

5 Welche Aussagen treffen zu? Bilde aus allen zugehörigen Buchstaben ein Lösungswort.

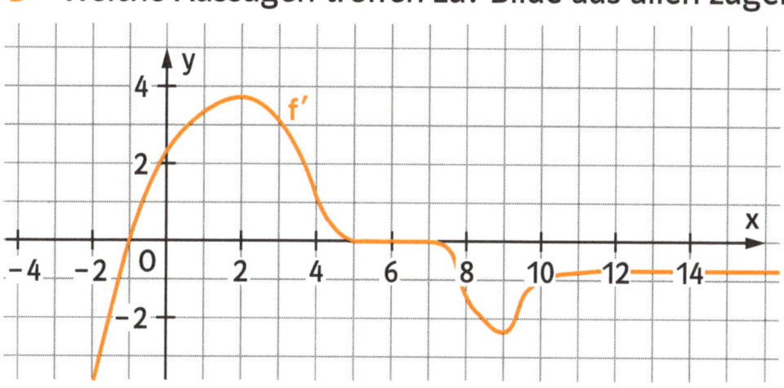

U | $f(7) = f(5)$

K | f' ist in [2; 9] streng monoton abnehmend

E | Weder f noch f' sind in [5; 7] monoton wachsend

N | $f(6) = f(-1)$

H | $f(0) < f(7)$

C | f ist in [5; 10] monoton abnehmend

F | f ist in [2; 5] streng monoton wachsend

S | f und f' sind in [−1; 2] streng monoton wachsend

T | $f(8) \approx f(-1,2)$

I | $f(10) > f(9)$

A | f ist in [5; 11] streng monoton abnehmend

Lösungswort: ____________

1 a) Zeichne die Punkte A(2 | −1 | 0), B(2 | 2 | 0), C(0 | 2 | 0), D(0 | −1 | 0) und E(2 | −1 | 1,5) in das Koordinatensystem.

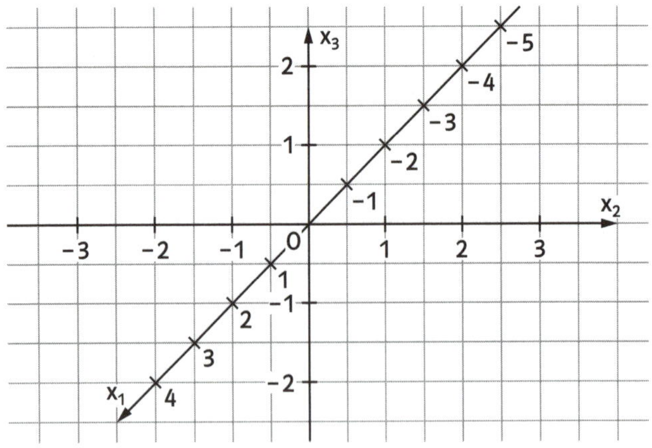

b) Die fünf Punkte sind die Eckpunkte eines Quaders. Gib die Koordinaten der fehlenden Eckpunkte an und zeichne die Punkte ein.

F(___ | ___ | ___), G(___ | ___ | ___), H(___ | ___ | ___)

c) Betrachte die Punkte A und E und gib die Höhe h des Quaders an. h = $\overline{AE}$ = _____ cm

d) Bestimme die Längen der Diagonalen $\overline{AC}$ und $\overline{AG}$.

$\overline{AC} = \sqrt{(0 - \_\_\_)^2 + \_\_\_\_\_\_\_\_}$ cm = ____________________

$\overline{AG}$ = ____________________

2 a) Die Punkte A und B liegen in der x_1x_2-Ebene, die Punkte C und D in der x_2x_3-Ebene und die Punkte E und F in der x_1x_3-Ebene.
Gib die Koordinaten der Punkte an.

A(___ | ___ | ___), B(___ | ___ | ___), C(___ | ___ | ___)

D(___ | ___ | ___), E(___ | ___ | ___), F(___ | ___ | ___)

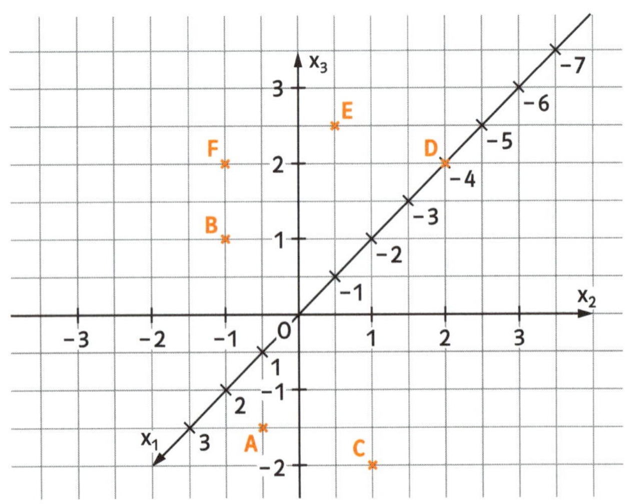

b) Notiere je einen weiteren Punkt für jede der drei Ebenen und zeichne sie ein.

x_1x_2-Ebene: G(___ | ___ | ___)

x_2x_3-Ebene: H(___ | ___ | ___)

x_1x_3-Ebene: I(___ | ___ | ___)

3 a) Streiche die Punkte durch, die nicht auf der Geraden liegen, die parallel zur x_3-Achse durch den Punkt P(2 | 0 | 0) verläuft.

A(2 | 0 | −1) B(2 | 2 | 0) C(0 | 2 | 0) D(2 | 0 | 3)

E(2 | −1 | 3) F(−1 | 0 | 2) G(2 | 0 | 15)

b) Ergänze die fehlenden Koordinaten so, dass die Punkte auf der Parallelen zur x_2-Achse, die durch den Punkt S(0 | 1,5 | 2) verläuft, liegen.

Q(___ | 0 | 2) R(0 | 3 | ___)

S(___ | ___ | 2) T(0 | ___ | 2)

U(___ | −5 | ___) V(0 | ___ | ___)

4 a) Das gleichschenklige Dreieck ABC mit A(−2 | −0,5 | 0) und B(4 | −0,5 | 0) liegt in der x_1x_2-Ebene (Längeneinheit 1 cm). Die Höhe h_c über der Basis $\overline{AB}$ beträgt 4 cm. Gib die Koordinaten des Punktes C an. C(___ | ___ | ___)

b) Ein Prisma über dem Dreieck ABC hat eine Höhe von 5 cm. Gib die Koordinaten der drei weiteren Eckpunkte D, E und F an:

D(___ | ___ | ___), E(___ | ___ | ___), F(___ | ___ | ___)

5 Eine Pyramide mit quadratischer Grundfläche ABCD und der Spitze S hat die Höhe 3 cm. Die Strecke $\overline{AB}$ ist 2 cm lang. Bestimme die Koordinaten der Eckpunkte A, B, C und D.

A(___ | ___ | ___), B(___ | ___ | ___), C(___ | ___ | ___),

D(___ | ___ | ___)

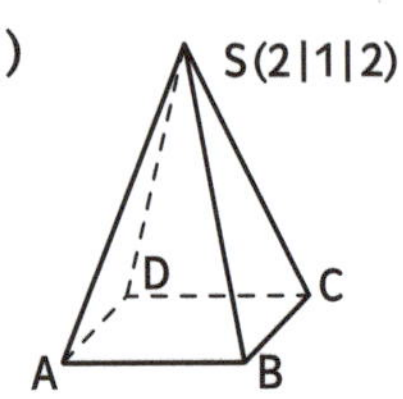

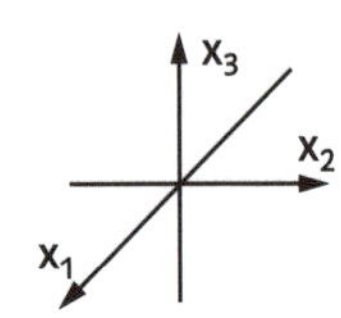

(Angaben in cm)

1 a) Der Vektor $\overrightarrow{AB} = \begin{pmatrix} 1 \\ 3 \\ -2 \end{pmatrix}$ beschreibt, wie man zum Punkt A(3 | −1 | 5) den Punkt B erhält.
Die Koordinaten von B sind:

B(3 <u>+ 1</u> | −1 <u>+ 3</u> | 5 ____), also

B(___ | ___ | ___).

b) Der Vektor $\overrightarrow{AB}$ ist der Ortsvektor $\overrightarrow{OP}$ zum Punkt

P(___ | ___ | ___).

c) Gib die Ortsvektoren an. $\overrightarrow{OA} = \begin{pmatrix} \_ \\ \_ \\ \_ \end{pmatrix}$, $\overrightarrow{OB} = \begin{pmatrix} \_ \\ \_ \\ \_ \end{pmatrix}$

2 Bestimme die Koordinaten der Vektoren $\overrightarrow{PQ}$ und $\overrightarrow{QP}$.

a) P(0 | 3 | −1), Q(−4 | 3 | 5)

$\overrightarrow{PQ} = \begin{pmatrix} \_ \\ \_ \\ \_ \end{pmatrix}$, $\overrightarrow{QP} = \begin{pmatrix} \_ \\ \_ \\ \_ \end{pmatrix}$

b) P(−8 | 2 | 18), Q(−2 | 3 | −13)

$\overrightarrow{PQ} = \begin{pmatrix} \_ \\ \_ \\ \_ \end{pmatrix}$, $\overrightarrow{QP} = \begin{pmatrix} \_ \\ \_ \\ \_ \end{pmatrix}$

3 a) Zeichne den Punkt A(2 | 0 | −1) in das Koordinatensystem. Der Vektor $\vec{v} = \begin{pmatrix} -1 \\ 2 \\ 2 \end{pmatrix}$ beschreibt den Weg vom Punkt A zum Punkt A'.

Die Koordinaten des Punktes A' sind:

A'(2 <u>− 1</u> | 0 <u>+ 2</u> | −1 ____), also

A'(___ | ___ | ___).
Zeichne A' und den Vektor $\vec{v} = \overrightarrow{AA'}$ ein.

b) Der Vektor $\vec{v}$ beschreibt auch, wie man zum Punkt

B(___ | ___ | ___) den Punkt B'(−2 | 1 | 2) erhält.
Zeichne B, B' und den Vektor $\vec{v} = \overrightarrow{BB'}$ ein.

c) Zeichne C(1 | 1 | −1) und D(−2 | 2 | 0) ein. Allein mit der Zeichnung lässt sich nicht klären, ob man den Punkt D vom Punkt C aus durch den Vektor $\vec{v}$ erhält.

Rechnerisch ergibt sich, dass ______________________

____

______________________________.

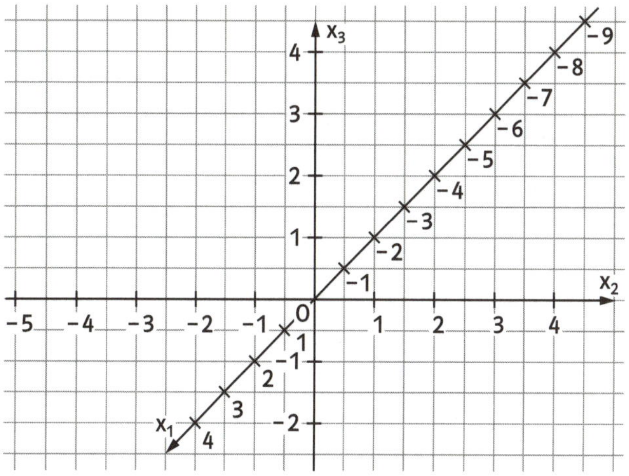

4 a) Die Punkte A, B, C, D, E und F sind die Eckpunkte eines Prismas. Wie viele unterschiedliche Vektoren sind in der Figur dargestellt?

____

b) Welche Pfeile in der Figur gehören zu demselben Vektor? $\overrightarrow{AB}$ = ____, ______________________

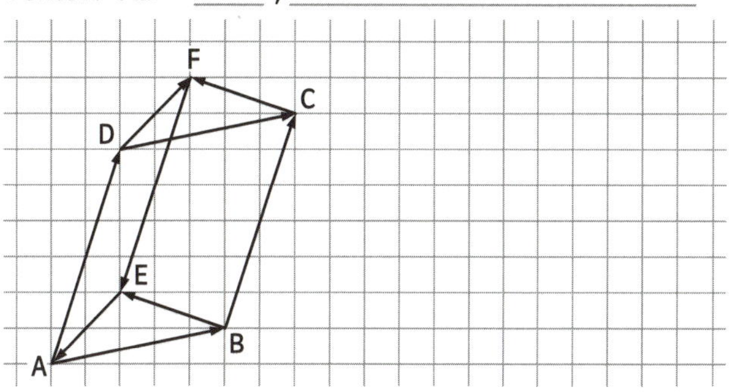

5 Markiere zusammengehörende Karten.

B(1 | −1 | 2)

A(7 | −2 | −3)

$\overrightarrow{BA} = \begin{pmatrix} -2 \\ 3 \\ -5 \end{pmatrix}$

$\overrightarrow{AB} = \begin{pmatrix} 2 \\ -3 \\ 5 \end{pmatrix}$

A(−1 | 2 | −3)

$\overrightarrow{BA} = \begin{pmatrix} -2 \\ 3 \\ -4 \end{pmatrix}$

B(6 | 1 | −7)

$\overrightarrow{AB} = \begin{pmatrix} 2 \\ -3 \\ 4 \end{pmatrix}$

A(5 | 10 | 3)

$\overrightarrow{BA} = \begin{pmatrix} 1 \\ -3 \\ 4 \end{pmatrix}$

B(7 | 7 | 7)

$\overrightarrow{AB} = \begin{pmatrix} -1 \\ 3 \\ -4 \end{pmatrix}$

1 Gegeben sind die Vektoren $\vec{a}$ und $\vec{b}$. Zeichne die angegebenen Vektoren.

a) $\vec{a} + \vec{b}$ b) $-\vec{a}$

c) $\vec{b} - \vec{a}$ d) $2\vec{b}$

e) $\vec{a} + 2\vec{b}$ f) $\frac{1}{2}\vec{a} + \vec{b}$

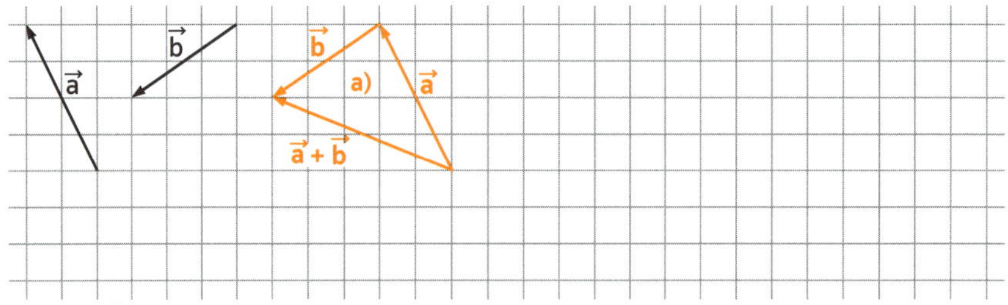

2 Berechne.

a) $\begin{pmatrix}2\\-3\end{pmatrix} - \begin{pmatrix}-7\\2\end{pmatrix} = \begin{pmatrix}2-(-7)\\ \square\end{pmatrix} = \begin{pmatrix}\square\\ \square\end{pmatrix}$

b) $5 \cdot \begin{pmatrix}-2\\1\end{pmatrix} - 0{,}5 \cdot \begin{pmatrix}-4\\5\end{pmatrix} =$ ______

c) $\begin{pmatrix}10\\0{,}5\\-1{,}5\end{pmatrix} - \begin{pmatrix}5\\-3\\3\end{pmatrix} + \begin{pmatrix}-3{,}5\\0{,}5\\2{,}5\end{pmatrix} =$ ______

d) $-\begin{pmatrix}-3\\4\\1\end{pmatrix} - 2 \cdot \begin{pmatrix}1\\-1\\1{,}5\end{pmatrix} =$ ______

3 Im Schrägbild des Quaders sind die Vektoren $\vec{a}$, $\vec{b}$ und $\vec{c}$ eingezeichnet. Ergänze.

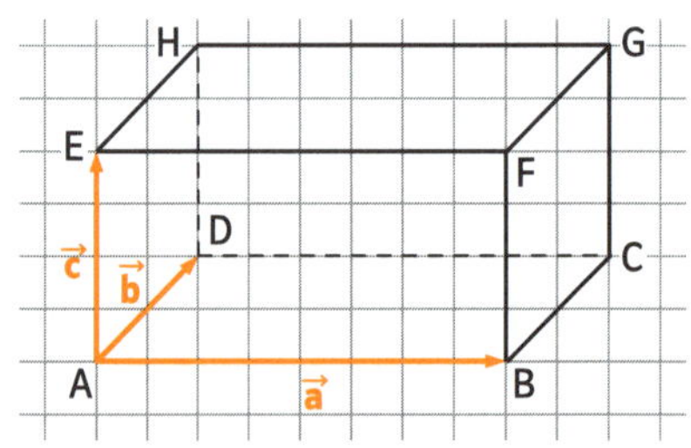

a) $\vec{a} + \vec{b} = \overrightarrow{AC} = \overrightarrow{E\square}$

b) $\vec{a} + \overrightarrow{\_\_\_} + \vec{c} = \overrightarrow{AG}$

c) $\vec{c} + \overrightarrow{\_\_\_} = \overrightarrow{AH} = \overrightarrow{B\square}$

d) $\vec{a} + \vec{c} = \overrightarrow{\square G} = \overrightarrow{A\square}$

e) $\vec{b} - \overrightarrow{\_\_\_} = \overrightarrow{BD} = \overrightarrow{\square H}$

f) $\overrightarrow{\_\_\_} - \vec{b} - \overrightarrow{\_\_\_} = \overrightarrow{HB}$

4 Markiere zusammengehörende Kärtchen.

- $-3\vec{b} + (3\vec{a} - 2\vec{b} - 2\vec{a})$
- $2\vec{a} - 5\vec{b}$
- $-4\vec{b} - (-2\vec{a} + 6\vec{b})$
- $5\vec{a} - \vec{b} - 3\vec{a} - 2\vec{b}$
- $\vec{a} - 5\vec{b}$
- $4\vec{a} - (3\vec{a} + 5\vec{b})$
- $2\vec{b} - 2\vec{a} - 3\vec{b}$
- $2\vec{a} - 3\vec{b}$
- $-(\vec{b} - \vec{a}) + \vec{a} - 2\vec{b}$
- $6\vec{a} - (5\vec{a} - 3\vec{b})$
- $\vec{a} + 3\vec{b}$
- $4\vec{a} - (6\vec{a} + \vec{b})$
- $5\vec{a} + (-3\vec{a} - \vec{b}) - 4\vec{b}$
- $-2\vec{a} - \vec{b}$
- $-4\vec{b} + \vec{a} + 7\vec{b}$

5 a) Die Punkte eines Dreiecks haben die Koordinaten $A(3|0|-2)$, $B(-1|6|-2)$, $C(-1|6|2)$. Bestimme den Mittelpunkt M_1 der Strecke $\overline{AB}$ und den Mittelpunkt M_2 der Strecke $\overline{BC}$.

$\overrightarrow{OM_1} = \overrightarrow{OA} + \frac{1}{2}\overrightarrow{\_\_\_} =$ ______

M_1 (___ | ___ | ___)

M_2 (___ | ___ | ___)

b) Vergleiche die Vektoren $\overrightarrow{M_1M_2}$ und $\overrightarrow{AC}$.

______

______

______

Geraden (1)

1 a) Gib mithilfe von Vektoren eine Gleichung für die Gerade g an.

g: $\vec{x} = \begin{pmatrix} \square \\ \square \\ \square \end{pmatrix} + \_\_\_ \cdot \begin{pmatrix} \square \\ \square \\ \square \end{pmatrix}$

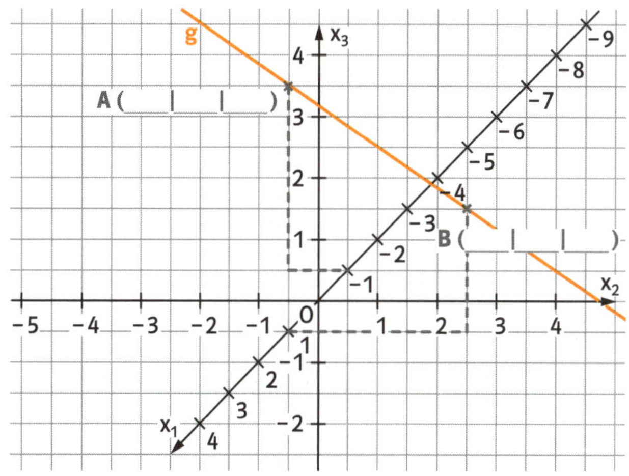

b) Zeichne den Stütz- und den Richtungsvektor aus Teilaufgabe a) ein.

c) Gib eine andere Gleichung der Geraden g an.

g: $\vec{x} = \begin{pmatrix} \square \\ \square \\ \square \end{pmatrix} + \_\_\_ \cdot \begin{pmatrix} \square \\ \square \\ \square \end{pmatrix}$

d) Die drei Punkte liegen auf der Geraden g. Ergänze die fehlende Koordinate.

C(−1 | ___ | 3), D(−5 | −9 | ___), E(___ | 1 | 2,5)

2 Prüfe, ob der Punkt auf der Geraden g: $\vec{x} = \begin{pmatrix} 2 \\ 3 \\ 1 \end{pmatrix} + r \cdot \begin{pmatrix} 2 \\ -1 \\ 5 \end{pmatrix}$ liegt.

a) A(8 | 0 | 16) b) B(3 | 2 | 3,5) c) C(0 | 4 | −4) d) D(−2 | 5 | 11)

Die Punkte __________ liegen auf der Geraden g.

3 Gib eine Gleichung der Geraden an und zeichne sie in ein Koordinatensystem.

a) Die Gerade g verläuft durch den Punkt A(4 | 2) und $\vec{p} = \begin{pmatrix} -2 \\ 1 \end{pmatrix}$ ist ein Stützvektor von g. g: $\vec{x} = \begin{pmatrix} \square \\ \square \end{pmatrix} + \_\_\_ \cdot \begin{pmatrix} \square \\ \square \end{pmatrix}$

b) Die Gerade h verläuft durch die Punkte B(−1 | −1) und C(0 | 2).

h: $\vec{x} = \begin{pmatrix} \square \\ \square \end{pmatrix} + \_\_\_ \cdot \begin{pmatrix} \square \\ \square \end{pmatrix}$

c) Liegt der Punkt D(8 | 26) auf einer der beiden Geraden? Begründe.

____

1 a) Svenja weiß, dass die x_2-Achse durch die Gleichung $\vec{x} = t \cdot \begin{pmatrix} 0 \\ 1 \\ 0 \end{pmatrix}$ beschrieben wird.

Thomas behauptet, dass auch die Gleichung $\vec{x} = \begin{pmatrix} 0 \\ 1 \\ 0 \end{pmatrix} + t \cdot \begin{pmatrix} 0 \\ 1 \\ 0 \end{pmatrix}$ die x_2-Achse beschreibt.

Thomas hat Recht, weil

- ☐ nur der Richtungsvektor für die Lage der Geraden entscheidend ist.
- ☐ der Stützvektor der Ortsvektor zu einem Punkt der x_2-Achse ist und der Richtungsvektor derselbe ist.
- ☐ der Stützvektor dieselben Koordinaten hat wie der Richtungsvektor.
- ☐ die x_2-Koordinate von $\vec{x}$ jeden beliebigen Wert annehmen kann.
- ☐ die x_1- und die x_3-Koordinaten von $\vec{x}$ immer null sind.
- ☐ in der Darstellung genau vier Nullen sind.

b) Svenja meint, dass dann auch $\vec{x} = \begin{pmatrix} 0 \\ -1 \\ 0 \end{pmatrix} + t \cdot \begin{pmatrix} 0 \\ -1 \\ 0 \end{pmatrix}$ eine mögliche Gleichung für die x_2-Achse sein müsste.

Was sagst du dazu? ____

____

2 Für den abgebildeten Quader gilt $\overline{AD} = 4\,\text{cm}$, $\overline{AB} = 5\,\text{cm}$ und $\overline{CG} = 3\,\text{cm}$.

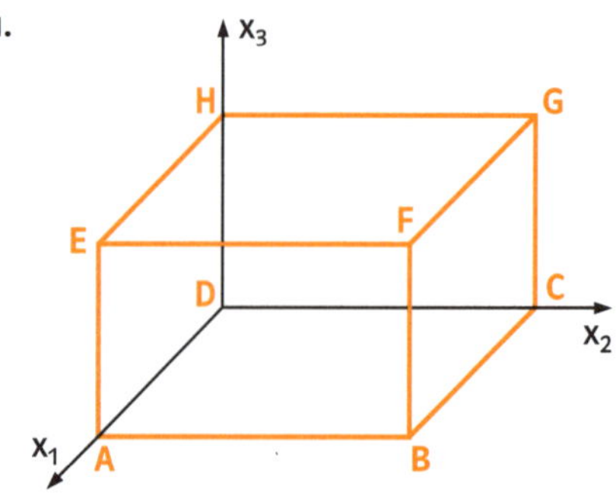

a) Gib je eine Gleichung für die Gerade g durch die Punkte A und G und für die Gerade h durch die Punkte B und H an. Notiere zuerst die Koordinaten der benötigten Eckpunkte (Einheit cm).

A(___|___|___), G(___|___|___), B(___|___|___), H(___|___|___)

g: $\vec{x} = \begin{pmatrix} \; \\ \; \\ \; \end{pmatrix} + \_\_\_ \cdot \begin{pmatrix} \; \\ \; \\ \; \end{pmatrix}$ h: $\vec{x} = \begin{pmatrix} \; \\ \; \\ \; \end{pmatrix} + \_\_\_ \cdot \begin{pmatrix} \; \\ \; \\ \; \end{pmatrix}$

b) Zeichne die Geraden g und h ein. Sie schneiden sich im Punkt M.

Bestimme die Koordinaten des Punktes. M(___|___|___)

c) Gib eine Gleichung der Geraden k durch F und M an. k: $\vec{x} = \begin{pmatrix} \; \\ \; \\ \; \end{pmatrix} + \_\_\_ \cdot \begin{pmatrix} \; \\ \; \\ \; \end{pmatrix}$

3 Michael hat eine Gleichung der Geraden g durch die Punkte A und B mit dem Richtungsvektor $\overrightarrow{AB}$ aufgestellt. Finde die Koordinaten des fehlenden Punktes heraus.

a) g: $\vec{x} = \begin{pmatrix} 3 \\ 0 \\ 2 \end{pmatrix} + t \cdot \begin{pmatrix} 1 \\ 2 \\ -3 \end{pmatrix}$

A(3|0|2), B(___|___|___)

b) g: $\vec{x} = \begin{pmatrix} 6 \\ -3 \\ -1 \end{pmatrix} + t \cdot \begin{pmatrix} -10 \\ 8 \\ -1 \end{pmatrix}$

A(___|___|___), B(6|−3|−1)

1 Laura, Fynn und Malin betrachten die Gleichungen von drei Geraden g, h und i. Jeder schließt von den Gleichungen auf die Lagebeziehung zweier Geraden. Vervollständige ihre Gedanken und ordne L (Laura), F (Fynn) und M (Malin) den weiteren Überlegungen richtig zu.

g: $\vec{x} = \begin{pmatrix} 4 \\ 2 \\ -1 \end{pmatrix} + r\begin{pmatrix} -2 \\ 3 \\ 2 \end{pmatrix}$ h: $\vec{x} = \begin{pmatrix} 4 \\ 2 \\ 3 \end{pmatrix} + s\begin{pmatrix} -2 \\ 3 \\ 2 \end{pmatrix}$ i: $\vec{x} = \begin{pmatrix} 4 \\ 2 \\ -1 \end{pmatrix} + t\begin{pmatrix} 3 \\ -2 \\ 2 \end{pmatrix}$

L | Laura: „Die Geraden g und h sind entweder zueinander parallel oder die Gleichungen beschreiben dieselbe Gerade, da sie denselben ______ ______."

F | Fynn: „Die Geraden g und i haben entweder einen Schnittpunkt oder sie sind zueinander windschief, da $\begin{pmatrix} \_ \\ \_ \\ \_ \end{pmatrix}$ kein Vielfaches von $\begin{pmatrix} \_ \\ \_ \\ \_ \end{pmatrix}$ ist."

M | Malin: „Die Geraden h und i haben entweder einen Schnittpunkt oder sie sind zueinander windschief, da ______ ______."

☐ „Die beiden Geraden haben einen gemeinsamen Punkt, da sie den gleichen Ortsvektor haben."

☐ „Es muss überprüft werden, ob die Gleichung $\begin{pmatrix} 4 \\ 2 \\ 3 \end{pmatrix} + s\begin{pmatrix} -2 \\ 3 \\ 2 \end{pmatrix} = \begin{pmatrix} 4 \\ 2 \\ -1 \end{pmatrix} + t\begin{pmatrix} 3 \\ -2 \\ 2 \end{pmatrix}$ eine einzige Lösung hat."

☐ „Wenn P(4 | 2 | −1) auf der Geraden h liegt, dann beschreiben die beiden Gleichungen dieselbe Gerade."

☐ „Der Vektorgleichung entspricht das lineare Gleichungssystem:
$-2s - 3t = 0$
$3s + 2t = 0$
$2s - 2t = -4$
Der GTR zeigt, dass es keine Lösung gibt."

☐ „Die Betrachtung der Gleichung $\begin{pmatrix} 4 \\ 2 \\ -1 \end{pmatrix} = \begin{pmatrix} 4 \\ 2 \\ 3 \end{pmatrix} + s\begin{pmatrix} -2 \\ 3 \\ 2 \end{pmatrix}$ zeigt, dass diese nicht lösbar ist. Also liegt P nicht auf der Geraden h."

☐ „Der gemeinsame Punkt ist S(4 | 2 | −1)."

☐ „Die beiden Geraden sind zueinander parallel."

☐ „Die beiden Geraden sind zueinander windschief."

☐ „Die beiden Geraden schneiden sich im Punkt S."

2 Untersuche die gegenseitige Lage der Geraden.

a) g: $\vec{x} = \begin{pmatrix} 2 \\ 3 \end{pmatrix} + r\begin{pmatrix} 1 \\ -3 \end{pmatrix}$, h: $\vec{x} = \begin{pmatrix} 3 \\ 1 \end{pmatrix} + t\begin{pmatrix} 3 \\ -9 \end{pmatrix}$

Die Geraden g und h ______________________,
da ______________________
______________________.

b) g: $\vec{x} = \begin{pmatrix} 3 \\ 1 \end{pmatrix} + r\begin{pmatrix} -2 \\ 1 \end{pmatrix}$, h: $\vec{x} = \begin{pmatrix} 1 \\ 3 \end{pmatrix} + t\begin{pmatrix} 4 \\ 2 \end{pmatrix}$

Die Geraden g und h ______________________
____
______________________.

c) g: $\vec{x} = \begin{pmatrix} -2 \\ 5 \end{pmatrix} + r\begin{pmatrix} 1 \\ 1 \end{pmatrix}$, h: $\vec{x} = \begin{pmatrix} -2 \\ 5 \end{pmatrix} + t\begin{pmatrix} -4 \\ -4 \end{pmatrix}$

Die Geraden g und h ______________________
____
______________________.

d) g: $\vec{x} = \begin{pmatrix} -1 \\ 0 \end{pmatrix} + r\begin{pmatrix} 1 \\ 0 \end{pmatrix}$, h: $\vec{x} = \begin{pmatrix} 2 \\ 1 \end{pmatrix} + t\begin{pmatrix} 4 \\ 0 \end{pmatrix}$

Die Geraden g und h ______________________
____
______________________.

1 Bestimme die Koordinaten des Schnittpunktes S der Geraden g und h.

a) g: $\vec{x} = \begin{pmatrix} 5 \\ 0 \\ 3 \end{pmatrix} + r \begin{pmatrix} 2 \\ 4 \\ -2 \end{pmatrix}$, h: $\vec{x} = \begin{pmatrix} -1 \\ -2 \\ 6 \end{pmatrix} + s \begin{pmatrix} 4 \\ -2 \\ -1 \end{pmatrix}$

Gesucht ist die Lösung der Gleichung $\begin{pmatrix} 5 \\ 0 \\ 3 \end{pmatrix} + r \begin{pmatrix} 2 \\ 4 \\ -2 \end{pmatrix} = \begin{pmatrix} \square \\ \square \\ \square \end{pmatrix} + s \begin{pmatrix} \square \\ \square \\ \square \end{pmatrix}$

bzw. des Gleichungssystems:

$5 + 2 \cdot r =$ ______

______ $=$ ______

______ $=$ ______

Das LGS wird umgeformt zu:

$2 \cdot r +$ ______ $\cdot s =$ ______

______ $=$ ______

______ $=$ ______

Der GTR liefert die Lösung r = ______ und s = ______.

Durch Einsetzen von ______ in die Gleichung für ______ erhält man den Ortsvektor $\overrightarrow{OS} = \begin{pmatrix} \square \\ \square \\ \square \end{pmatrix}$.

Der Schnittpunkt ist also S(___ | ___ | ___).

b) g: $\vec{x} = \begin{pmatrix} 0 \\ 1 \\ 1 \end{pmatrix} + r \begin{pmatrix} 1 \\ 0 \\ 1 \end{pmatrix}$, h: $\vec{x} = \begin{pmatrix} 6 \\ 3 \\ 5 \end{pmatrix} + s \begin{pmatrix} 2 \\ 1 \\ 1 \end{pmatrix}$

2 Die Richtungsvektoren $\vec{u}$ und $\vec{v}$ zweier Geraden sind nicht parallel. Mit dem GTR wurde die Gleichung $\vec{p} + r \cdot \vec{u} = \vec{q} + s \cdot \vec{v}$ in Matrixschreibweise gelöst.

a)
```
[[4 1  1]
 [2 -3 0]
 [4 4  4]]
rref([A])
[[1 0 0]
 [0 1 0]
 [0 0 1]]
```

b)
```
[[2 -1 2 ]
 [3 1  -2]
 [0 -1 2 ]]
rref([B])
[[1 0 0 ]
 [0 1 -2]
 [0 0 0 ]]
```

c)
```
[[3 1 3]
 [1 2 6]
 [0 0 1]]
rref([C])
[[1 0 0]
 [0 1 0]
 [0 0 1]]
```

Notiere das zu der eingegebenen Koeffizientenmatrix gehörende Gleichungssystem.

I: ______

II: ______

III: ______

Notiere das zur Lösungsmatrix des GTR gehörende Gleichungssystem und interpretiere es.

Ia: ______

IIa: ______

IIIa: ______

Die letzte Gleichung zeigt den Widerspruch 0 = 1. Das LGS hat also

______.

Die Geraden ______.

Die Geraden ______.

Die Geraden ______.

Geraden im Raum – Vektoren | Merkzettel

Fülle die Lücken. Für jeden Buchstaben findest du einen Strich. Löse dann die Beispielaufgaben.

Darstellung von Punkten im Raum

Die Lage eines Punktes im Raum kann mithilfe eines Koordinatensystems mit drei Achsen wiedergegeben werden. Dabei zeigt die x_1-Achse üblicherweise nach vorn, die x_2-Achse nach rechts und die x_3-Achse nach oben. Die Einheiten auf der ___-Achse werden kleiner gewählt als auf den anderen beiden Achsen: Werden zum Beispiel auf der x_2-Achse und der x_3-Achse _ _ _ _ Kästchen für eine Einheit gewählt, so kann man auf der x_1-Achse eine Kästchendiagonale als eine Einheit festlegen.

- Zeichne die Punkte P(2 | 1 | 0), Q(1 | 2 | 0) und R(1 | 1 | 2) ein.

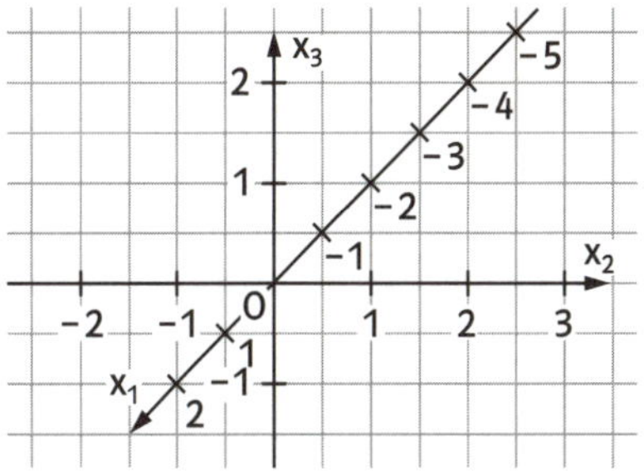

Bestimmen eines Vektors

Für die Koordinaten eines Vektors $\overrightarrow{AB}$, der den Weg von Punkt $A(a_1 | a_2 | a_3)$ zu Punkt $B(b_1 | b_2 | b_3)$ beschreibt, gilt $\overrightarrow{AB} = \begin{pmatrix} b_1 - a_1 \\ b_2 - a_2 \\ b_3 - a_3 \end{pmatrix}$.

- A(3 | 4 | 1), B(−1 | 2 | 1). Ergänze.

$\overrightarrow{AB} = \begin{pmatrix} \_\_\_ \\ \_\_\_ \\ \_\_\_ \end{pmatrix} = \begin{pmatrix} \_ \\ \_ \\ \_ \end{pmatrix}$

Addition von Vektoren

Vektoren werden zeilenweise addiert, also gilt $\begin{pmatrix} a_1 \\ a_2 \\ a_3 \end{pmatrix} + \begin{pmatrix} b_1 \\ b_2 \\ b_3 \end{pmatrix} = \begin{pmatrix} a_1 + b_1 \\ a_2 + b_2 \\ a_3 + b_3 \end{pmatrix}$.

- $\begin{pmatrix} 7 \\ 4 \\ -3 \end{pmatrix} + \begin{pmatrix} -5 \\ 8 \\ -1 \end{pmatrix} = \begin{pmatrix} \_ \\ \_ \\ \_ \end{pmatrix}$

Multiplikation eines Vektors mit einer Zahl

Ein Vektor wird mit einer reellen Zahl r multipliziert, indem jede Koordinate des Vektors mit der Zahl r _ _ _ _ _ _ _ _ _ _ _ _ _ _ wird.

Also gilt $r \cdot \begin{pmatrix} a_1 \\ a_2 \\ a_3 \end{pmatrix} = \begin{pmatrix} r \cdot a_1 \\ r \cdot a_2 \\ r \cdot a_3 \end{pmatrix}$.

- $3 \cdot \begin{pmatrix} 3 \\ -2 \\ 0{,}5 \end{pmatrix} = \begin{pmatrix} \_ \\ \_ \\ \_ \end{pmatrix}$

Darstellung von Geraden

Eine Gerade kann durch eine Gleichung der Form $\vec{x} = \vec{p} + r \cdot \vec{u}$ mit $r \in \mathbb{R}$ beschrieben werden.

Dabei heißt der Vektor $\vec{p}$ _ _ _ _ _ _ _ _ _ _ _ _ der Geraden, er führt vom Ursprung zum Punkt P auf der Geraden.

Der Vektor $\vec{u}$ heißt _ _ _ _ _ _ _ _ _ _ _ _ _ _ _ _ _ _, da er die Richtung der Geraden beschreibt.

- g: $\vec{x} = \begin{pmatrix} 4 \\ 0 \\ 3 \end{pmatrix} + r \cdot \begin{pmatrix} -2 \\ 4 \\ 0 \end{pmatrix}$

Ergänze die Koordinaten.

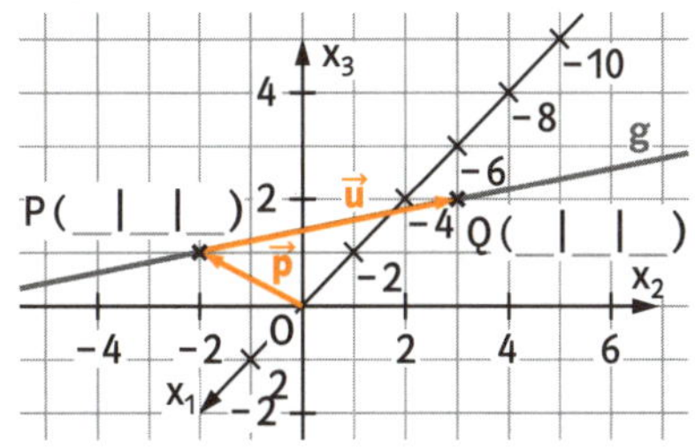

Lagebeziehungen von Geraden

Zwei Geraden g und h können

- sich schneiden, d.h. einen gemeinsamen _ _ _ _ _ haben.
- zueinander _ _ _ _ _ _ _ _ verlaufen.
- zueinander windschief sein.

- Zwei Geraden g und h mit den Richtungsvektoren $\vec{u} = \begin{pmatrix} 1 \\ 3 \\ 2 \end{pmatrix}$ und $\vec{v} = \begin{pmatrix} 2 \\ 5 \\ 4 \end{pmatrix}$ sind entweder zueinander _ _ _ _ _ _ _ _ _ _ oder sie _ _ _ _ _ _ _ _ _ sich.

1 Es ist $f(x) = c \cdot a^x$, $c > 0$. Fülle die Tabelle geeignet aus.

	$x \longrightarrow \infty$	Monotonie	Asymptote des Graphen von f	Schnittpunkt mit der y-Achse
$0 < a < 1$	$f(x) \longrightarrow$ ______	f ist ______		P(____ | ____)
$a > 1$	$f(x) \longrightarrow$ ______	f ist ______		P(____ | ____)

2 Beschrifte die Graphen mit den passenden Funktionsnamen.

$k(x) = \left(\frac{10}{9}\right)^x$

$j(x) = 2 \cdot 3^x$

$h(x) = 0{,}9^x$

$f(x) = 0{,}5^x$

$i(x) = 3 \cdot 4^x$

$g(x) = 3 \cdot 2^x$

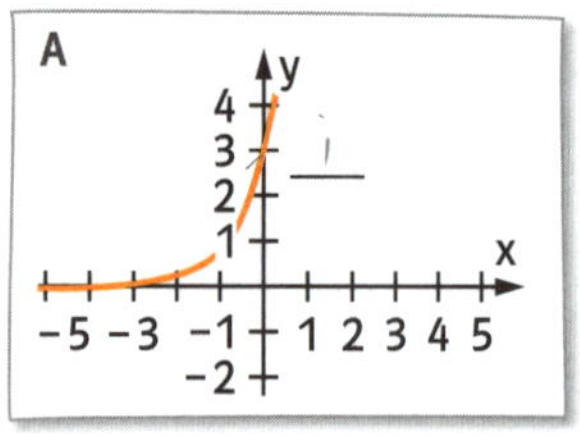

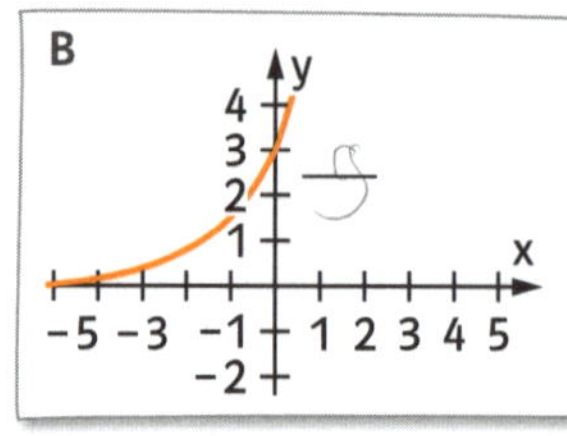

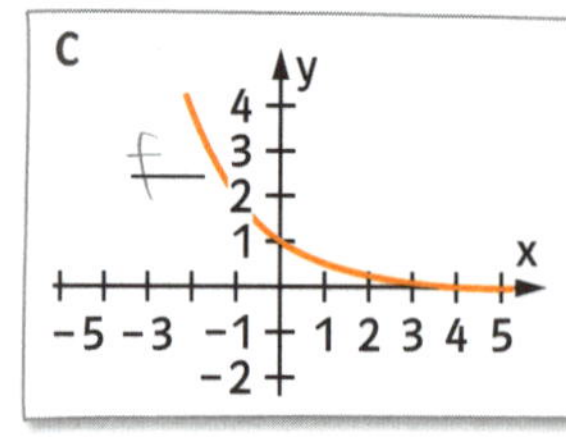

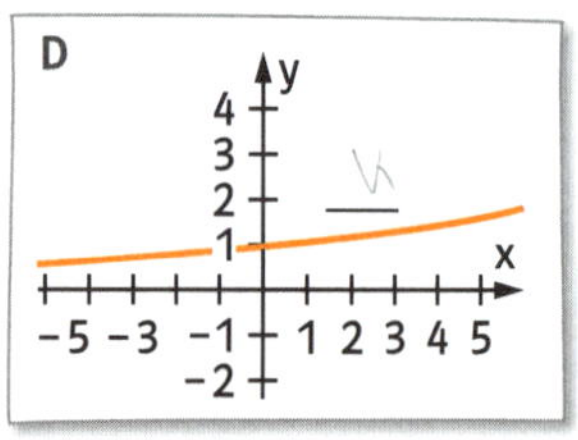

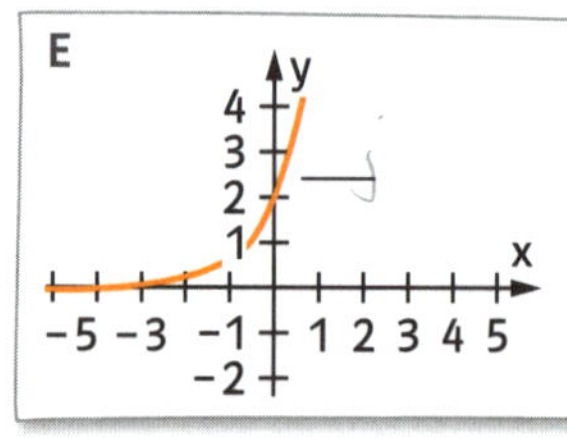

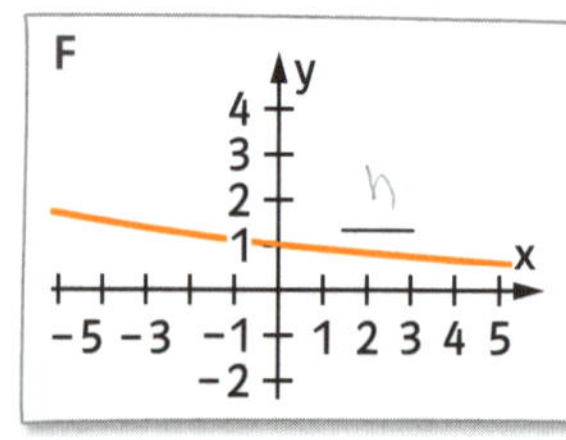

3 Die Punkte P und Q liegen auf dem Graphen der Exponentialfunktion f mit $f(x) = c \cdot a^x$. Bestimme a und c.

a) P(0 | 2); Q(1 | 5)

a = ______ ; c = ______

b) P(0 | 0,5); Q(−2 | 8)

a = ______ ; c = ______

c) P(1 | 3); Q(2 | 6)

a = ______ ; c = ______

4 Fülle die Lücken aus.

a) Der Bestand einer Bakterienpopulation kann näherungsweise durch die Funktion f mit $f(t) = 30\,000 \cdot 2^t$ (t in Tagen seit Beobachtungsbeginn) beschrieben werden. Der Bestand betrug zu Beobachtungsbeginn ______. Nach 12 Stunden beträgt der Bestand ______ = ______, nach 12 Tagen sind es ______ = ______. Nach ______ Tagen ist mit einer Population von 200 000 Individuen zu rechnen. ______ Tage vor Beobachtungsbeginn waren es nach diesem Modell nur 5000 Bakterien.

b) Der Bestand einer anderen Bakterienpopulation wird näherungsweise durch $g(t) = c \cdot a^t$ (t in Tagen nach Beobachtungsbeginn) beschrieben. Zu Beobachtungsbeginn waren 20 000 Bakterien vorhanden. Nach 36 Stunden waren es bereits 100 000 Bakterien. Bestimme a und c.

a ≈ ______ ; c = ______

1 Fülle die Lücken bei der Polynomdivision geeignet aus.

a) $(x^3 - 4x^2 + 5x - 2) : (x - 1) = \square - 3x + \square$

$-(x^3 - x^2)$

$\square + 5x - 2$

$-(-3x^2 + \square)$

$2x - \square$

$-(\square - \square)$

0

b) $(x^3 - 2x^2 - 5x + 6) : (x + 2) = x^2 - \square + \square$

$-(x^3 + \square)$

$-4x^2 - \square + \square$

$-(\square - \square)$

$\square + 6$

$-(\square + \square)$

0

2 Da stimmt was nicht! Markiere den Fehler und führe die Polynomdivision richtig zu Ende.

a) $(2x^3 + 12x^2 + 22x + 12) : (x + 3) = 2x^2 + 6x + 40$

$-(2x^3 + 6x^2)$

$6x^2 + 22x + 12$

$-(6x^2 + 18x)$

$40x + 12$

$-(40x + 120)$

-108

b) $(3x^3 + 6x^2 + 3x - 6) : (x - 2) = 3x^2 + 3x$

$-(3x^3 + 6x^2)$

$0x^2 + 3x$

$-(3x)$

0

3 x_1 ist eine Nullstelle von f. Bestimme mit Polynomdivision und abc-Formeln alle weiteren Nullstellen.

a) $f(x) = x^3 + 6x^2 - 13x - 42;\ x_1 = -2$

b) $f(x) = 3x^3 - 15x^2 - 36x + 108;\ x_1 = 2$

4 Beim Hammerwerfen bewegt sich der Hammer eines Athleten auf einer parabelförmigen Flugbahn mit der Gleichung $f(x) = -\left(\frac{28}{900}\right)x^2 + \frac{28}{15}x + \frac{8}{5}$, beim Wurf eines anderen Athleten auf der Flugbahn mit $g(x) = -0{,}03x^2 + 1{,}82x + 1{,}5$ (x in m, f(x) in m über dem Boden). Welcher Athlet ist erfolgreicher, wenn $x = 0$ die Abwurfstelle ist?

1 Beschrifte die Graphen mit den passenden Funktionsnamen.

$f(x) = -x^4 + 2x^2 - 2$

$g(x) = x^5 + 2x^3 - x$

$h(x) = x^5 + x^4 + x^3 + 2$

$i(x) = -7x^5 + 3$

$j(x) = 7x^5 + 3$

$k(x) = -x^5 - x^4 - x^3 - 2$

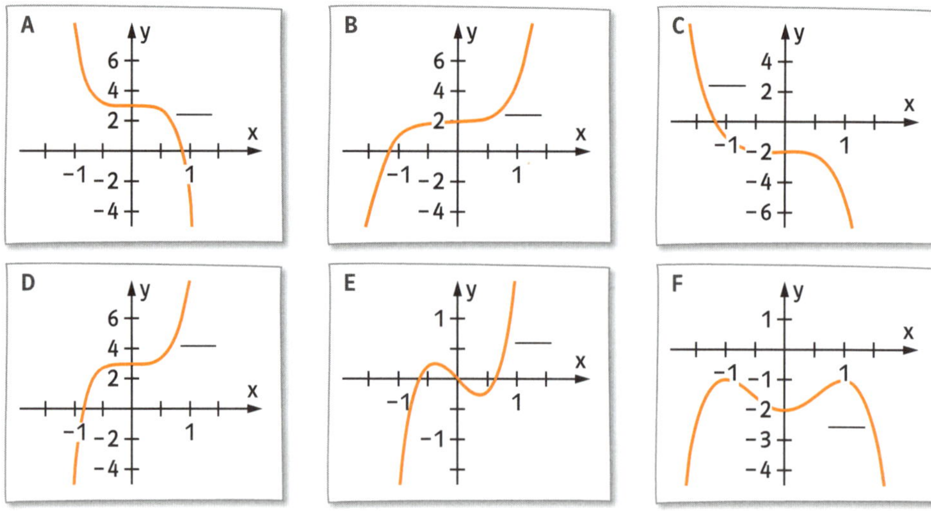

2 Fülle die Tabelle aus.

	für $x \longrightarrow \pm\infty$	für $x \longrightarrow \infty$	für $x \longrightarrow -\infty$	für x nahe 0	erkennbare Symmetrie
$f(x) = x^3 - 2x + 1$	$f(x) \rightarrow x^3$	$f(x) \rightarrow \infty$	$f(x) \rightarrow -\infty$	$f(x) \rightarrow -2x+1$	keine
$f(x) = -x^4 + 3x^2 - 5$					
$f(x) = -x^2 \cdot (x^3 - 3x)$					
$f(x) = (x^2 + 1)(1 - x^2)$					

3 Gegeben sind zwei Funktionen f und g mit einem Funktionsterm der Form $a_n x^n + \ldots + a_1 x + a_0$. Kreuze wahre Aussagen an.

Aussage	f	g
a) Der Graph ist symmetrisch zur y-Achse.	○	○
b) Der Graph ist punktsymmetrisch zum Ursprung.	○	○
c) Der Funktionsterm enthält nur gerade Hochzahlen.	○	○
d) Der Funktionsterm enthält nur ungerade Hochzahlen.	○	○
e) $a_n > 0,\ a_0 > 0$	○	○
f) $a_n < 0,\ a_0 < 0$	○	○
g) $a_n < 0,\ a_0 = 0$	○	○
h) Der Grad n der Funktion ist gerade.	○	○
i) Der Grad n der Funktion ist ungerade.	○	○

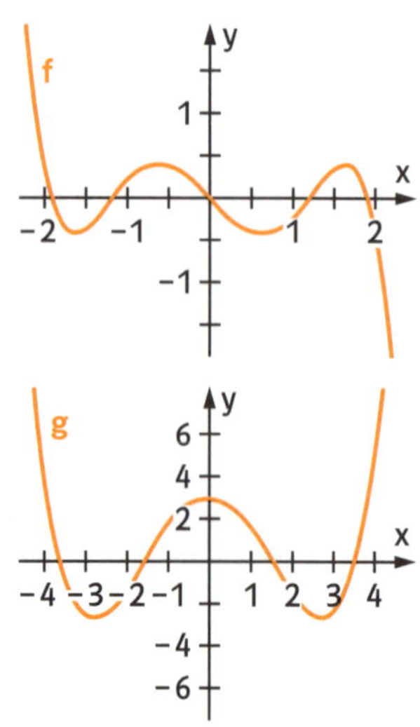

4 Gib Werte von t an, für die der Graph von f symmetrisch zur y-Achse oder zum Ursprung ist.

a) $f(x) = -x^3 + 3tx^2 + \frac{t}{2}x$

b) $f(x) = 2(x + 2)(x - t)$

c) $f(x) = x^{2t} - x^t$

d) $f(x) = 3x^{t+2} + 2x^t$

1 Beschrifte, trotz fehlender Achseneinteilung, die Graphen mit den passenden Funktionsnamen.

$f(x) = x^3 + 2$

$g(x) = x^3 - 10x + 2$

$h(x) = x^2 + 3x - 1$

$i(x) = x^5 - 8x^3 + 15x + 1$

$j(x) = x^4 - 8x^3 + 26x^2 - 40x + 25$

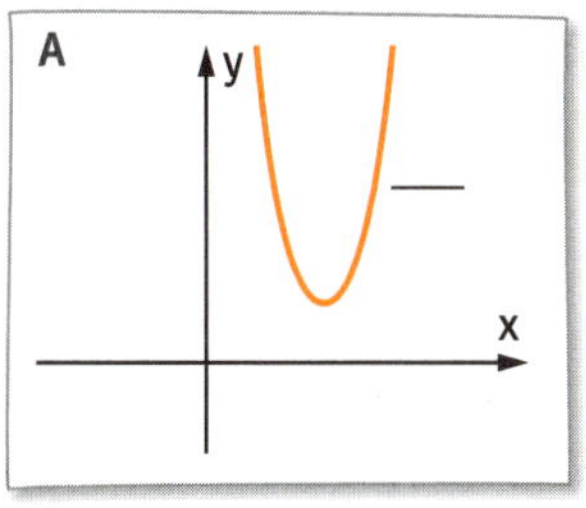

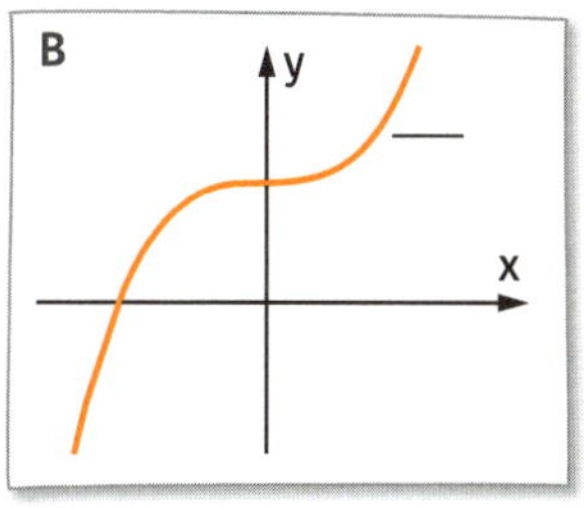

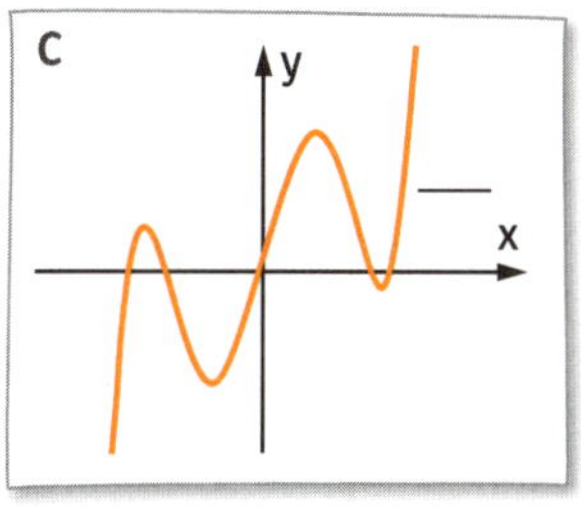

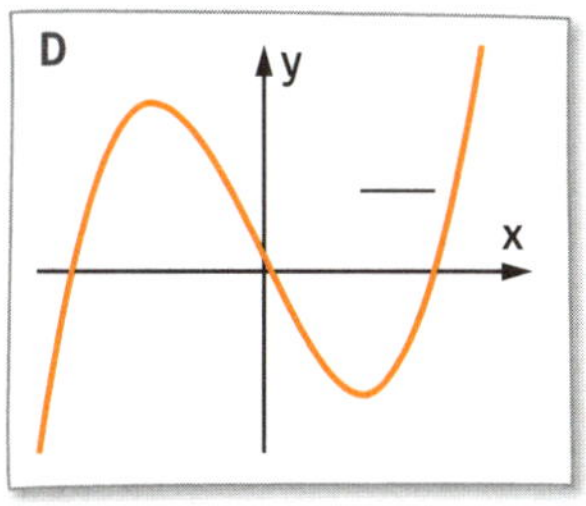

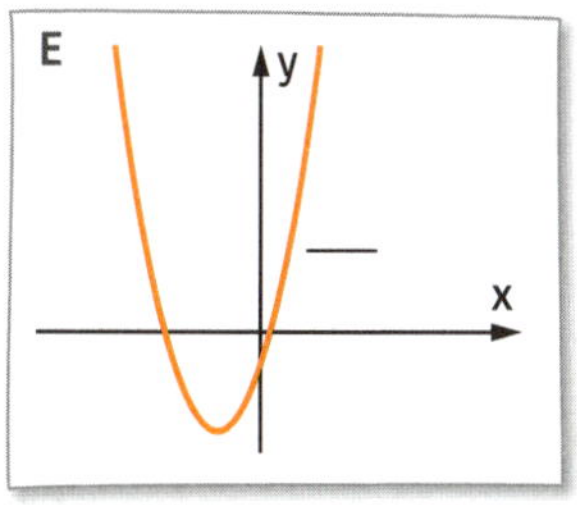

2 Ordne den Eigenschaften die richtige Funktionsgleichung zu.

A | genau ein lokales Minimum

B | – Verhalten für $x \longrightarrow \pm\infty$: $f(x) \longrightarrow -\infty$
– keine Symmetrie erkennbar

C | 6 verschiedene Nullstellen

1 | $f(x) = -x^4 + x^3 - x^2 + 3$

5 | $f(x) = -x^4 - x^2 - 3$

2 | $f(x) = x^6 - 3$

3 | $f(x) = x^3 + x$

4 | $f(x) = x^6 + 3x^5 - 3x^4 - 9x^3 + 2x^2 + 6x$

D | – Verhalten nahe 0: $f(x) \longrightarrow -x^2 - 3$
– symmetrisch zur y-Achse

E | – punktsymmetrisch zu (0 | 0)
– genau eine Nullstelle

3 Die Funktion f ist ganzrational. Fülle die Lücken geeignet aus.

a) Wenn f genau ein lokales Maximum und genau ein lokales Minimum besitzt, hat f mindestens den Grad ______ . Der Grad von f kann außerdem nicht ______________ sein.

b) Wenn f vom Grad 4 ist und zwei lokale Minima besitzt, dann hat f genau ______ lokal____ Maxim______ .

c) Wenn f vom Grad 5 ist, besitzt f mindestens ______ Nullstell____ und höchstens ______ Nullstellen.

4 Gesucht ist die Funktionsgleichung einer ganzrationalen Funktion f mit $f(x) = a_n x^n + \ldots + a_1 x + a_0$ mit den folgenden Eigenschaften.

a) f ist vom Grad 3 und hat Nullstellen bei $x_1 = 0$ und $x_2 = 4$. Der Graph von f ist punktsymmetrisch zum Ursprung, und für $x \longrightarrow -\infty$ gilt $f(x) \longrightarrow \infty$. Es ist $a_1 = 16$.

b) f ist vom Grad 4 und der Graph von f ist symmetrisch zur y-Achse. Im positiven Bereich hat f die Nullstellen bei $x_1 = 1$ und $x_2 = 2$.
Der Schnittpunkt mit der y-Achse ist P(0 | −8).

1 Ergänze den passenden Funktionsnamen.

a)

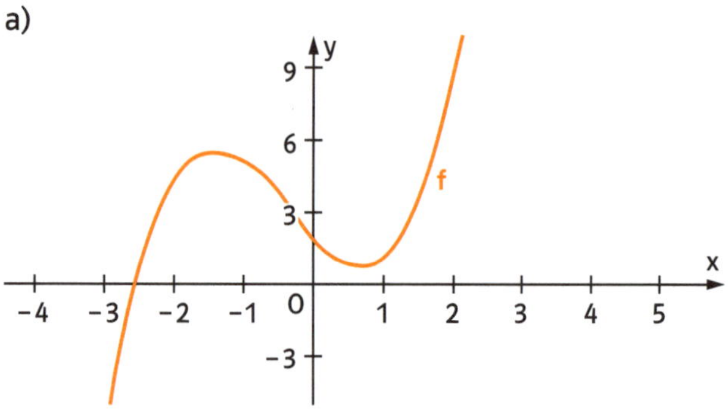

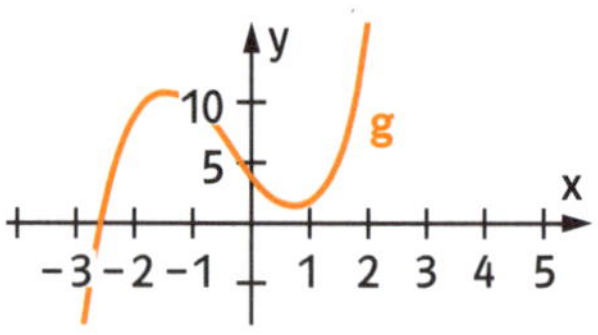

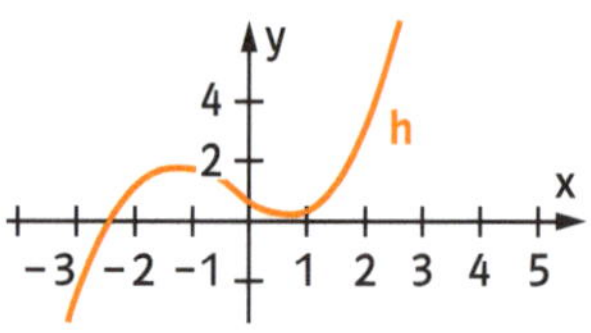

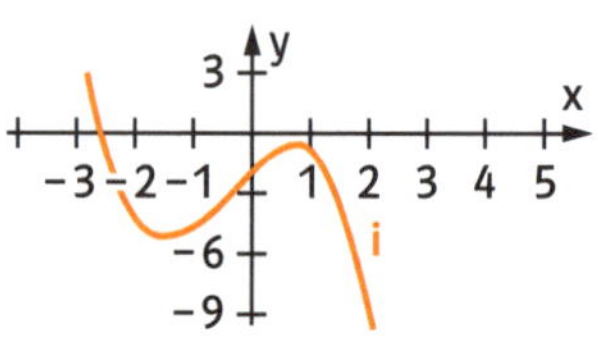

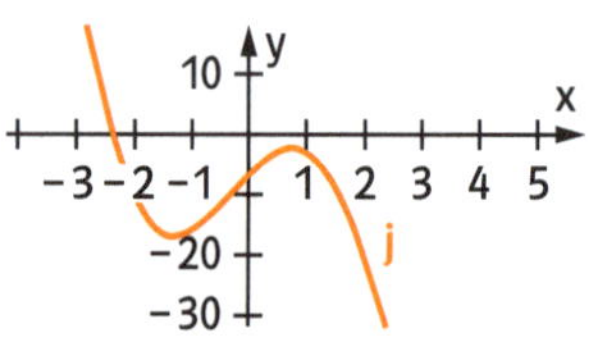

b)

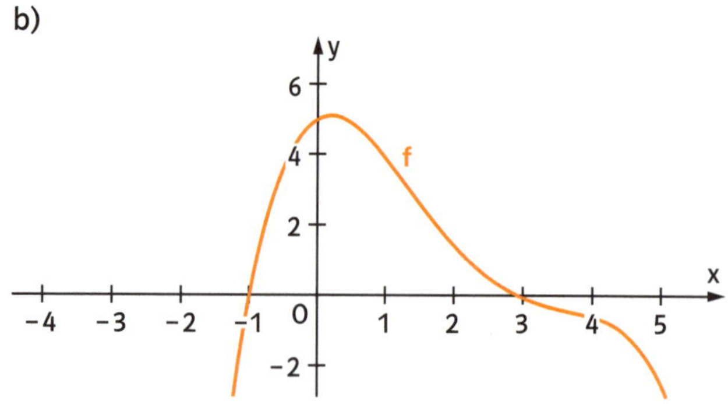

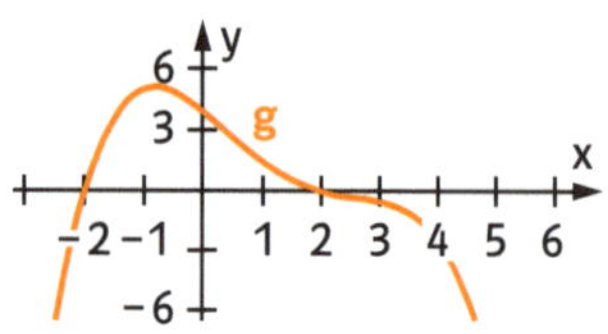

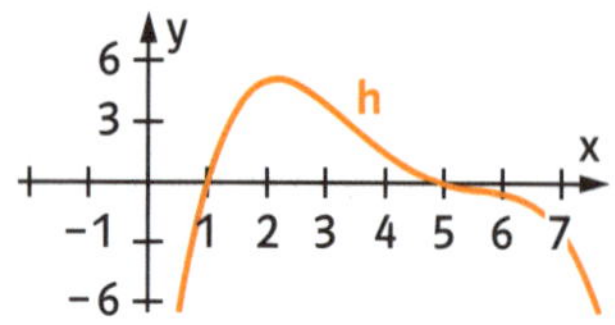

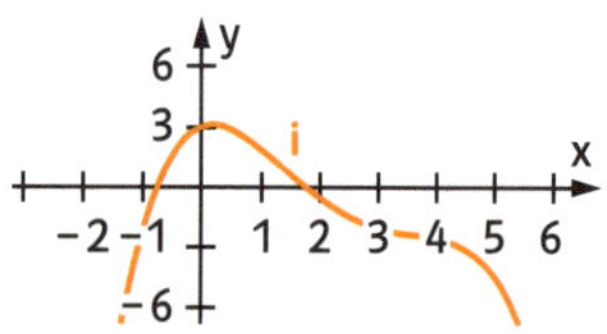

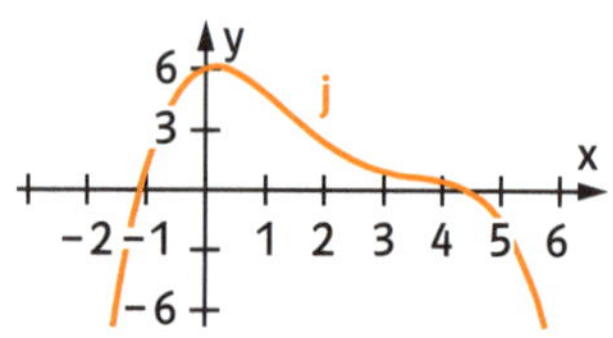

____ $(x) = -f(x)$ ____ $(x) = \frac{1}{3} \cdot f(x)$ ____ $(x) = f(x) - 2$ ____ $(x) = f(x) + 1$

____ $(x) = -3 \cdot f(x)$ __g__ $(x) = 2 \cdot f(x)$ ____ $(x) = f(x - 2)$ ____ $(x) = f(x + 1)$

2 Ordne das passende Kärtchen zu, das die Entstehung des Graphen von g aus dem von f beschreibt.

A | Streckung mit dem Faktor 0,5 in y-Richtung

B | Streckung mit dem Faktor 2 in y-Richtung

C | Verschiebung um 6 nach oben

1 | $f(x) = 2x^2 + 2$, $g(x) = 2x^2 + 8$

3 | $f(x) = 2x^2 + 8$, $g(x) = x^2 + 4$

5 | $f(x) = x + 2$, $g(x) = x + 4$

2 | $f(x) = x + 2$, $g(x) = x - 2$

4 | $f(x) = 2x^2 + 2$, $g(x) = 2x^2 - 8x + 10$

6 | $f(x) = x + 2$, $g(x) = 2x + 4$

D | Verschiebung um 2 nach rechts

E | Verschiebung um 2 nach links

F | Verschiebung um 4 nach unten

3 Beschreibe, wie man den Graphen von g aus dem Graphen von f erhält.

a) $f(x) = 2x^3 - 7$
$g(x) = -x^3 + 3{,}5$

b) $f(x) = (x + 3)^4 - 1$
$g(x) = (x - 1)^4 + 7$

c) $f(x) = x^2$
$g(x) = x^2 + 2x + 1$

____

____

4 Gegeben ist die Funktion f mit $f(x) = 2^x + 3$. Gib einen Funktionsterm des Graphen von g an, den man erhält, wenn man den Graphen von f

a) in y-Richtung verschiebt und $g(1) = 9$ ist: ______________________

b) in x-Richtung verschiebt und $g(2) = 11$ ist: ______________________

Verschieben und Strecken von Graphen (2)

1 Drücke den Funktionsterm des neu entstandenen Graphen mithilfe von f aus.

a) Verschiebe den Graphen von f um eine Einheit nach oben und um fünf Einheiten nach rechts. Strecke anschließend den Graphen mit dem Faktor 3 in y-Richtung.

____

b) Spiegle den Graphen von f an der x-Achse. Strecke anschließend den Graphen in y-Richtung mit dem Faktor 3 und verschiebe ihn schließlich um zwei Einheiten nach links.

____

2 a) Führe zunächst die Verschiebung und dann die Streckung des Graphen durch.

f(x)	Verschiebung	Streckung	g(x)
$x^2 + 2$	um 2 nach rechts	mit dem Faktor 2 in y-Richtung	
2^x	um 1 nach links	mit dem Faktor $\frac{1}{2}$ in y-Richtung	
$2x^3 + x$	um 6 nach unten	mit dem Faktor 3 in y-Richtung	

b) Führe zunächst die Streckung und dann die Verschiebung des Graphen durch.

f(x)	Streckung	Verschiebung	g(x)
$x^2 + 2$	mit dem Faktor 2 in y-Richtung	um 2 nach rechts	
2^x	mit dem Faktor $\frac{1}{2}$ in y-Richtung	um 1 nach links	
$2x^3 + x$	mit dem Faktor 3 in y-Richtung	um 6 nach unten	

3 Wer hat Recht? Kreuze an.
Tim sagt: „Der Graph von g mit $g(x) = -2 \cdot 3^{x+1}$ ist aus dem Graphen von f mit $f(x) = 3^x$ durch Verschiebung um 1 nach links und Streckung in y-Richtung mit dem Faktor −2 entstanden."
Sarah behauptet: „Der Graph von g ist aus dem von f durch eine Spiegelung an der x-Achse und anschließender Streckung in y-Richtung mit dem Faktor 6 entstanden."

☐ Tim Begründung: ______________________

☐ Sarah Begründung: ______________________

4 Gegeben ist die Funktion f mit $f(x) = x^3 + x^2$. Der Graph von g geht aus dem Graphen von f durch Verschiebung hervor. Zeichne mit dem GTR die Graphen von f und g und bestimme damit für g eine Darstellung der Form $g(x) = (x - a)^3 + (x - a)^2 + b$.

a) $g(x) = x^3 - 5x^2 + 8x - 1$

$g(x) =$ ______________

b) $g(x) = x^3 + 4x^2 + 5x - 4$

$g(x) =$ ______________

c) $g(x) = x^3 - 35x^2 + 408x - 1569$

$g(x) =$ ______________

5 Gegeben ist die Funktion f mit $f(x) = x^2$. Skizziere die Graphen von f und g in ein Koordinatensystem. Gib anschließend einen Term für g an.

a) $g(x) = f(x + 1) - 3$

$g(x) =$ ______________________

b) $g(x) = -2 \cdot f(x + 2) + 1$

$g(x) =$ ______________________

1 a) Fülle die Tabelle aus.

Gradmaß α	0°			60°	90°		135°		270°	
Bogenmaß x		$\frac{\pi}{6}$	$\frac{\pi}{4}$			$\frac{2\pi}{3}$		π		2π

b) Einen Winkel kann man im Gradmaß α oder im Bogenmaß x angeben. Dabei gilt:

$x = \alpha$ ______________ bzw. $\alpha = x$ ______________ .

c) Fülle die Tabelle aus. Runde auf zwei Dezimalen.

Gradmaß α			−12°	1°			46°		191°	
Bogenmaß x	−4,2	$-\frac{\pi}{3}$			$\frac{\pi}{10}$	$\frac{\pi}{5}$		1,7		$\frac{31\pi}{18}$

2 Bestimme die Funktionswerte ohne Taschenrechner.

a) $\sin\left(\frac{\pi}{2}\right) =$ ______________ b) $\cos\left(\frac{2\pi}{3}\right) =$ ______________ c) $\cos\left(-\frac{\pi}{4}\right) =$ ______________ d) $\sin\left(-\frac{\pi}{6}\right) =$ ______________

3 Bestimme alle reellen Zahlen x mit $0 \leqq x \leqq 2\pi$, für die das Folgende gilt.

a) $\sin(x) = -\frac{1}{2}\sqrt{2}$ $x_1 =$ ______________ ; $x_2 =$ ______________ b) $\cos(x) = -1$ ______________

4

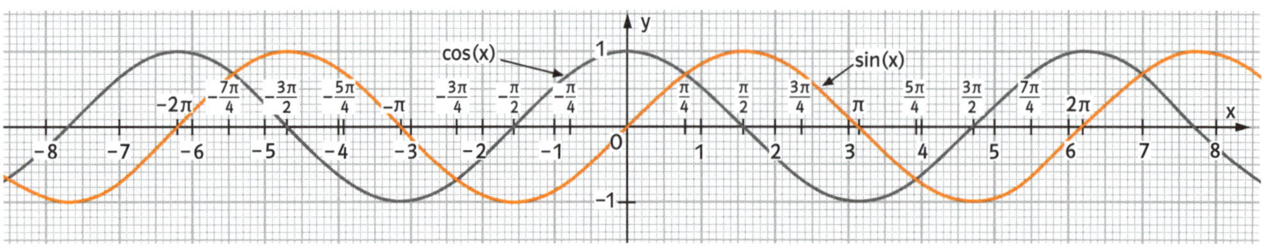

a) Fülle die Lücken aus.

Die trigonometrischen Funktionen sin und cos sind periodisch mit der Periodenlänge __________ ; d.h. für jede beliebige ganze Zahl $k \in \mathbb{Z}$ gilt $\sin(x +$ __________ $) = \sin(x)$ bzw. $\cos(x +$ __________ $) = \cos(x)$.

b) Gib die folgenden Funktionswerte ohne Hilfe des Taschenrechners an.

$\sin(5\pi) =$ ______________ $\cos\left(-\frac{11}{2}\pi\right) =$ ______________ $\sin\left(\frac{11}{4}\pi\right) =$ ______________ $\cos\left(\frac{31}{6}\pi\right) =$ ______________

c) Bestimme mithilfe der Abbildung alle reellen Zahlen x, für die Folgendes gilt. Runde auf eine Dezimale.

$\sin(x) = 0{,}6$ $x \approx$ ______________ $\cos(x) = -0{,}3$ $x \approx$ ______________

d) Bestimme mithilfe der Abbildung alle x mit $-2\pi \leqq x \leqq 2\pi$, für die gilt:

$\cos(x) = \sin(x)$; ______________ $\cos(x) = -\sin(x)$; ______________

5 Bestimme mit dem Taschenrechner auf zwei Dezimalen alle reellen Zahlen x, für die Folgendes gilt. Begründe gegebenenfalls, warum es keine Lösung gibt.

a) $\sin(x) = 0{,}8537$; ______________ b) $\cos(x) = -0{,}3912$; ______________

c) $\sin(x) = -1{,}5781$; ______________ d) $\cos(x) = 2{,}0015$; ______________

6 Ordne die Kärtchen den Lücken zu, ohne zu rechnen.

9 | −6,3 | −0,02 | −0,91

a) $\cos($ ______ $) \approx$ ______ b) $\sin($ ______ $) \approx$ ______

Sinus- und Kosinusfunktion (2)

1 Fülle mithilfe der Symmetrieeigenschaften der Sinus- und Kosinusfunktion die Lücken so aus, dass auf beiden Seiten der Gleichung verschiedene Terme stehen.

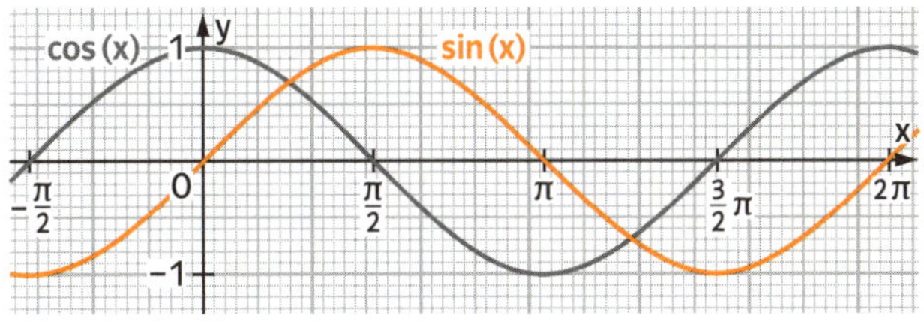

Für alle $x \in \mathbb{R}$ gilt

a) $\sin(x) = -\sin(\_\_\_\_\_\_)$

b) $\cos(x) = \cos(\_\_\_\_\_\_)$

c) $\sin\left(\frac{\pi}{2} + x\right) = \sin(\_\_\_\_\_\_)$

d) $\cos\left(\frac{\pi}{2} + x\right) = -\cos(\_\_\_\_\_\_)$

e) $\sin(\pi + x) = \_\_\_\_\_\_\_\_$

f) $\cos(\pi + x) = \_\_\_\_\_\_\_\_$

2 Fülle die Tabelle mit exakten Werten aus.

x	0	$\frac{\pi}{6}$	$\frac{\pi}{4}$	$\frac{\pi}{3}$	$\frac{\pi}{2}$	$\frac{3\pi}{4}$	π	$\frac{3\pi}{2}$	2π
sin (x)									
cos (x)									

3 Kreuze an, welche Aussagen auf die Sinusfunktion zutreffen und welche auf die Kosinusfunktion.

Aussage	Sinusfunktion	Kosinusfunktion
a) Die Funktion hat ein Minimum bei $\frac{3\pi}{2}$.	○	○
b) Die Funktion nimmt keine Werte kleiner als −1 an.	○	○
c) Im Intervall $\left(-\frac{\pi}{2}, \frac{\pi}{2}\right)$ sind die Funktionswerte positiv.	○	○
d) Der Graph ist symmetrisch zur Geraden mit der Gleichung $x = -\frac{\pi}{2}$.	○	○
e) Der Graph ist punktsymmetrisch zum Punkt P(0 | 0).	○	○
f) Die Funktion hat bei $x = 10\pi$ ein Maximum.	○	○
g) Der Graph der Funktion besitzt unendlich viele Tiefpunkte.	○	○
h) Der Graph der Funktion ist monoton wachsend in $\left(-\frac{\pi}{2}, \frac{\pi}{2}\right)$.	○	○

4 Zu jeder Karte in der ersten Zeile passt jeweils eine Karte in der zweiten und der dritten Zeile. Verbinde.

A | $\sin(x) = \frac{1}{2}\sqrt{2}$

B | $x = 1$

C | $\alpha = 30°$

D | $x = 6$

E | $\cos(x) = 0$

1 | $\cos(x) \approx 0{,}54$

2 | $\alpha = 270°$

3 | $\sin(x) \approx -0{,}28$

4 | $x = \frac{\pi}{4}$

5 | $\sin(x) = 0{,}5$

a | $\sin(x) = -1$

b | $\cos(x) = \frac{1}{2}\sqrt{3}$

c | $\cos(x) = \frac{1}{2}\sqrt{2}$

d | $\alpha = \frac{180°}{\pi}$

e | $\cos(x) \approx 0{,}96$

1 Bestimme f′(x).

a) $f(x) = \sin(x) - \cos(x)$

$f'(x) =$ ______

b) $f(x) = x^2 + 2 \cdot \cos(x)$

$f'(x) =$ ______

c) $f(x) = -\sqrt{2} \cdot \sin(x)$

$f'(x) =$ ______

2 Fülle die Tabelle aus.

f(x)	f′(x)	Steigung der Tangente an der Stelle $x = \frac{\pi}{2}$	Stellen mit waagerechter Tangente im Intervall $[0; 2\pi]$
$\sin(x) + 3x$			
$-\cos(x) + 7$			
$-2 \cdot \sin(x) + x$			

3 „Ableitungs-Quartett". Vier Kärtchen gehören zusammen und ergeben in der richtigen Reihenfolge ein Lösungswort. Ordne zu.

G | $f(x) = -\sin(x)$

H | $f(x) = -\cos(x)$

O | $f(x) = \sin(x)$

R | $f(x) = \cos(x)$

W | $f'(x) = -\sin(x)$

N | $f'(x) = -\cos(x)$

L | $f'(x) = \sin(x)$

C | $f'(x) = \cos(x)$

C | Tangentensteigung bei $x = \frac{\pi}{2}$ ist 1

B | Tangentensteigung bei $x = \frac{\pi}{2}$ ist 0

A | Tangentensteigung bei $x = \pi$ ist +1

M | Tangentensteigung bei $x = \pi$ ist 0

E | Hochpunkt bei $x = \pi$

S | Hochpunkt bei $x = -\frac{\pi}{2}$

U | Tiefpunkt bei $x = \pi$

K | Tiefpunkt bei $x = -\frac{\pi}{2}$

Lösungswörter: ______ ______ ______ ______

4 Bestimme die Gleichung der Tangente t an den Graphen der Funktion f im Punkt P.

a) $f(x) = \cos(x) + 2x$ $P(0 \mid \square)$

$f'(x) =$ ______

$m = f'(0) =$ ______

t: $y = m \cdot x + c$

b) $f(x) = \sin(x)$ $P\left(\frac{\pi}{3} \mid \square\right)$

5 Bestimme die Stellen mit waagerechter Tangente an den Graphen von f mit $f(x) = 2 \cdot \sin(x) + x$ im Intervall $[0; 2\pi]$.

Periode und Amplitude

1 Gib die Amplitude a und die Periode p der Funktion f an.

a) $f(x) = \sin\left(\frac{x}{2}\right)$

a = ________ ; p = ________

b) $f(x) = 3 \cdot \sin(\pi x)$

a = ________ ; p = ________

c) $f(x) = 0{,}2 \cdot \sin\left(\frac{3}{4}\pi x\right)$

a = ________ ; p = ________

2 Gib die Funktionsgleichung einer Sinusfunktion mit der Periode p und der Amplitude a an.

a) $p = \pi;\ a = 2$

f(x) = ________________

b) $p = 2;\ a = \pi$

f(x) = ________________

c) $p = 0{,}3;\ a = 0{,}3$

f(x) = ________________

3 a) Beschrifte die Achsen.

$f(x) = 4 \cdot \sin(\pi x)$

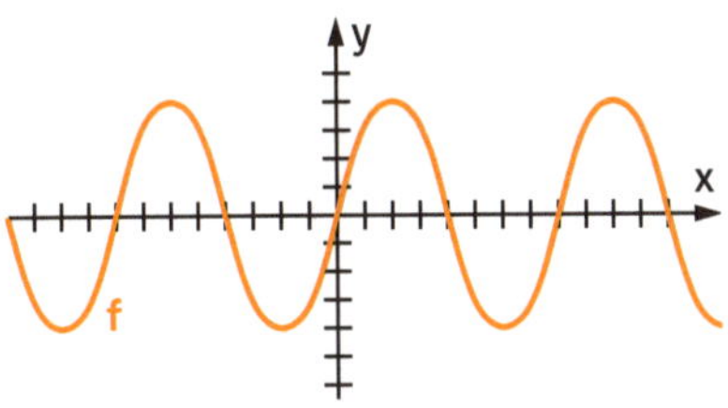

$g(x) = 0{,}2 \cdot \sin(2\pi x)$

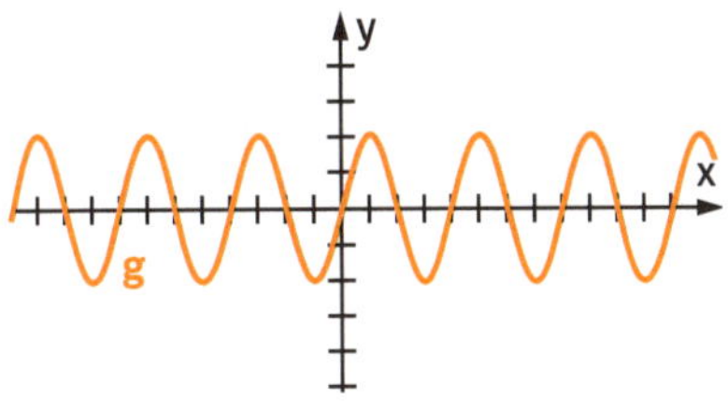

$h(x) = 0{,}5 \cdot \sin(0{,}5x)$

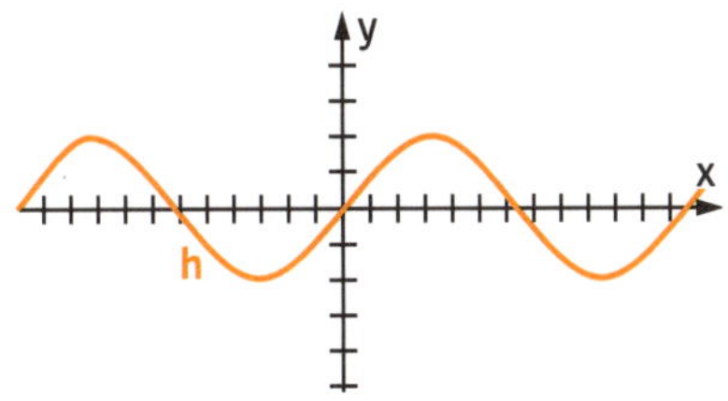

b) Gib zu jedem Graphen die Periode p, die Amplitude a und die Funktionsgleichung von f an.

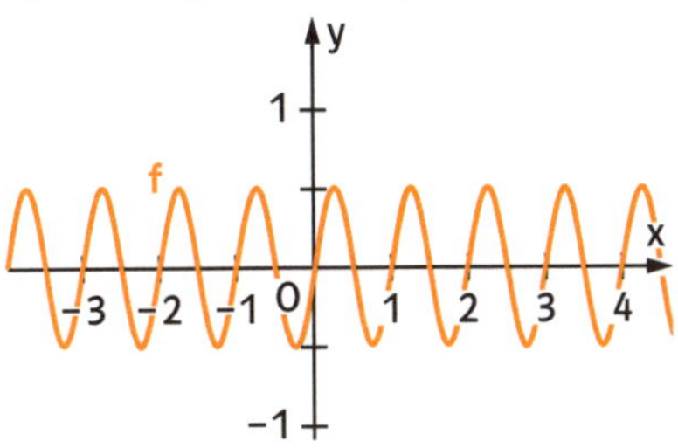

p = ________ ; a = ________

f(x) = ________________

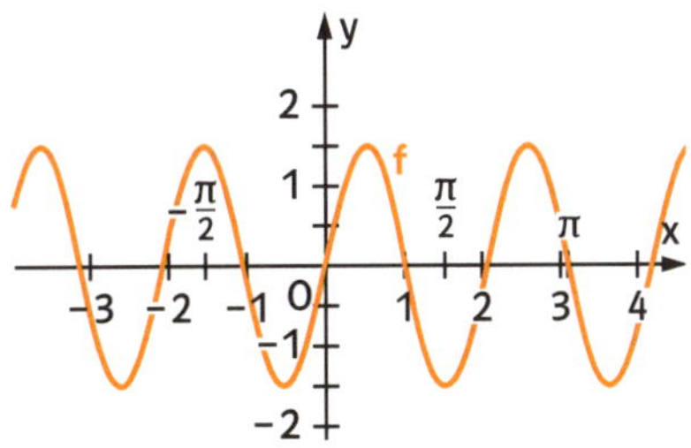

p = ________ ; a = ________

f(x) = ________________

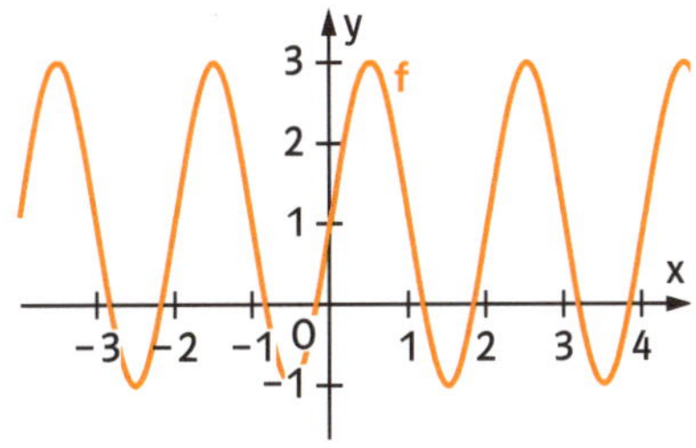

p = ________ ; a = ________

f(x) = ________________

4 Gib eine Funktion f mit der Amplitude a und der Periode p an, deren Graph folgende Eigenschaften besitzt.

a) a = 1; p = 1; ein Hochpunkt hat die y-Koordinate 3.

f(x) = ________________

b) a = 2; p = π; ein Tiefpunkt hat die y-Koordinate 0.

f(x) = ________________

c) a = 1; zwei benachbarte Nullstellen haben den Abstand 2.

f(x) = ________________

5 Wo sind die Achsen? Zeichne die Koordinatenachsen mit Einteilung ein.

a) $f(x) = \sin(x) + 1$

b) $f(x) = 2 \cdot \sin(0{,}5 \cdot x)$

c) $f(x) = 0{,}1 \cdot \sin(\pi x) - 0{,}2$

6 Bestimme die Zahlen a, b und d so, dass der Graph von f mit $f(x) = a \cdot \sin(bx) + d$ die aufeinanderfolgenden Extrempunkte $H(\pi\,|\,1)$ und $T(3\pi\,|\,-4)$ hat.

a = ________ b = ________ d = ________

Fülle die Lücken. Für jeden Buchstaben findest du einen Strich. Löse dann die Beispielaufgaben.

Exponentialfunktionen

Eine Funktion f mit $f(x) = c \cdot$ ____ ; $a > 0$; $a \neq 1$ heißt Exponentialfunktion. Ist der Wachstumsfaktor a ____ , so ist die Funktion monoton zunehmend.

Ist der Wachstumsfaktor a ____ , so ist die Funktion monoton abnehmend. Der Anfangswert zum Zeitpunkt $x = 0$ entspricht dem Faktor ____ .

■ Gib die Funktionsgleichungen von f und g an.

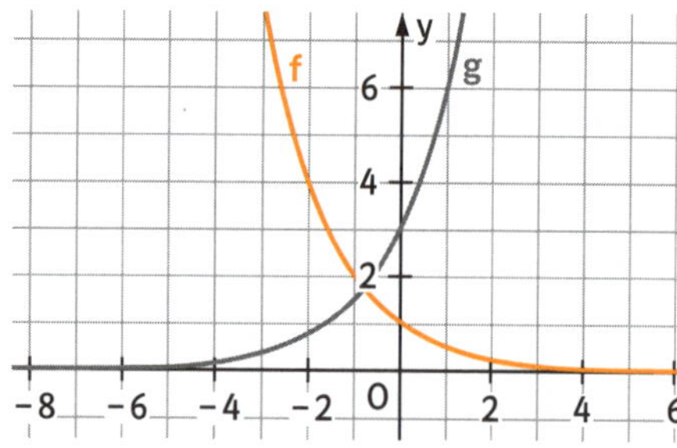

f(x) = ____________

g(x) = ____________

Ganzrationale Funktionen

Eine Funktion f mit
$f(x) = a_n x^n + a_{n-1} x^{n-1} + \ldots + a_1 x + a_0$; $a_n \neq 0$

heißt _

vom Grad ____ . Sie hat höchstens ____ Nullstellen

und ____ Extremstellen. Kommen im Funktionsterm nur gerade Hochzahlen vor, so ist der Graph

_ _ _ _ _ _ _ _ _ _ _ _ _ zur y-Achse.

Kommen nur ungerade Hochzahlen vor, so ist der Graph _ _ _ _ _ _ _ _ _ _ _ _ _ zum _ _ _ _ _ _ _ _ _ .

Für $x \to \pm\infty$ verhält sich der Graph wie die Kurve mit der Gleichung $y =$ ________ , in der Nähe von 0 wie die Kurve mit $y =$ ____________ , wobei k die niedrigste x-Potenz ist.

■ Für die Kurve von g gilt $g(x) = -3x^2 - 3$. Kreuze wahre Aussagen für den Funktionsterm von f an.

- ☐ $a_n > 0$
- ☐ $a_n < 0$
- ☐ n ist gerade
- ☐ n ist ungerade
- ☐ über n lässt sich keine Aussage machen
- ☐ ein möglicher Term für f ist $x^4 - 5x^2 - 2$

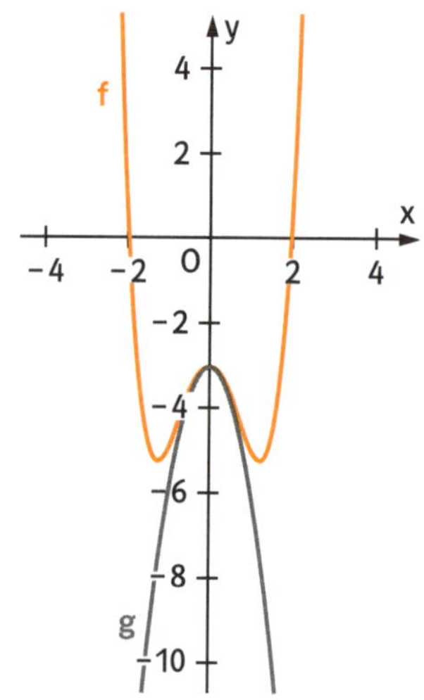

Verschieben und Strecken von Graphen

Der Graph von g mit $g(x) = f(x - c) + d$ entsteht aus dem von f, indem man den Graphen von f um c

_ _ _ _ _ _ _ _ _ _ _ und um d _ _ _ _ _ _ _ _

_ _ _ _ _ _ _ _ _ _ _ ($c > 0$ und $d > 0$).

Der Graph von h mit $h(x) = k \cdot f(x)$; $k > 0$ entsteht aus dem von f, indem man den Graphen von f in ____ -Richtung mit dem Faktor k streckt.

■ Skizziere den Graphen von g mit $g(x) = f(x - 3) - 1$.

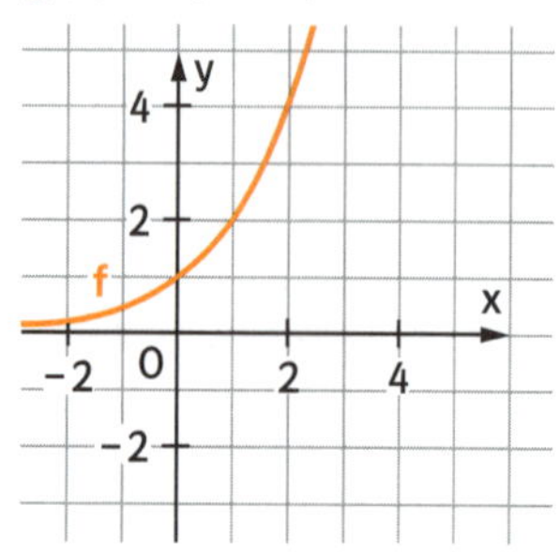

■ Skizziere den Graphen von h mit $h(x) = 2 \cdot f(x)$.

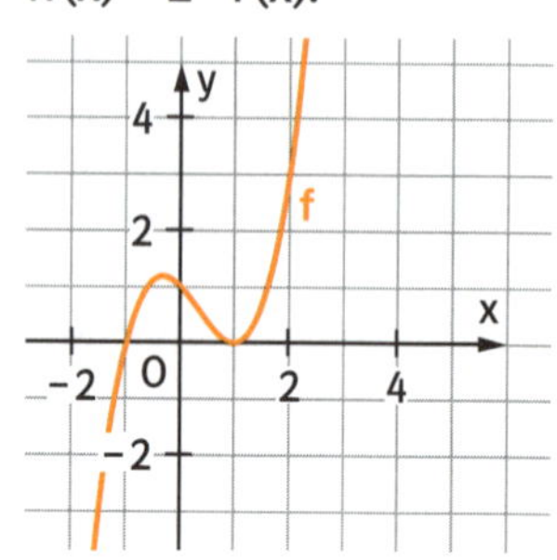

Sinus- und Kosinusfunktion

Ist α der Winkel im Gradmaß und x die Länge im zugehörigen _ _ _ _ _ _ _ _ _ , so gilt $x = \alpha \cdot \frac{\pi}{180°}$.

Die Funktion f mit $f(x) = a \cdot \sin(bx)$ $(a, b > 0)$ hat die _ _ _ _ _ _ _ $\frac{2\pi}{b}$ und die Amplitude ____ .

■ Für die Sinusfunktion f mit $f(x) = \sin(x)$ gilt:

$f'(x) =$ ______________ .

■ Für die Kosinusfunktion g mit $g(x) = \cos(x)$ gilt:

$g'(x) =$ ______________ .

1 Berechne $f'(x_0)$ mithilfe des Differenzenquotienten.
$f(x) = 3x^2$; $x_0 = -1$

$f'($____$) =$ ____

2 Bestimme die Gleichung der Tangente t an den Graphen der Funktion f im Punkt P.
$f(x) = 2x^2 - 3x$; $P(-1 \mid f(-1))$

Die Tangente t hat die Gleichung $y =$ ________ .

3 Bestimme die Ableitungsfunktion von f.

a) $f(x) = x^6$
$f'(x) =$ ________

b) $f(x) = 2x^{-5}$
____

c) $f(x) = 0{,}5x^2$
____

d) $f(x) = \frac{2}{x^3}$
____

e) $f(x) = x^4 + 2x^2$
____

f) $f(x) = \frac{1}{4}x^8 - x^{-2}$
____

g) $f(x) = 0{,}2x^5 - 3x^2$
____

h) $f(x) = \frac{1}{x^4} + \frac{3}{x^3}$
____

4 Schreibe an den jeweiligen Graphen, zu welcher Funktion er gehört.

$f_1(x) = (x-1)^2(x+3)^2$

$f_2(x) = (x-1)^2(x+3)$

$f_3(x) = (x-1)(x+3)$

$f_4(x) = (x-1)(x+3)^2$

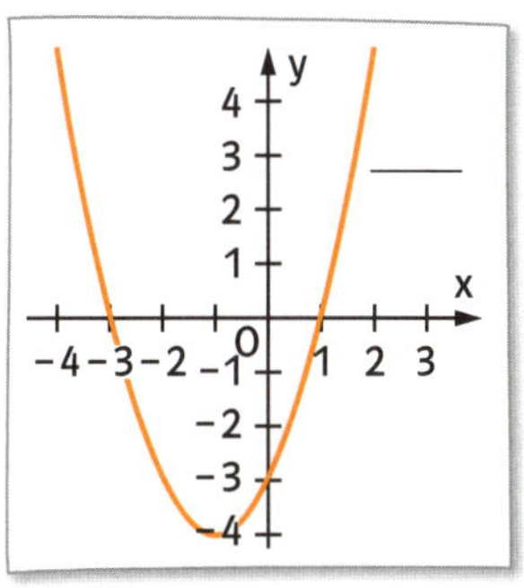

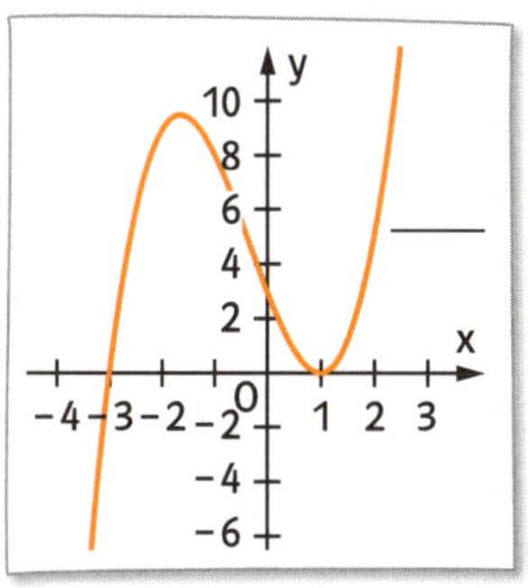

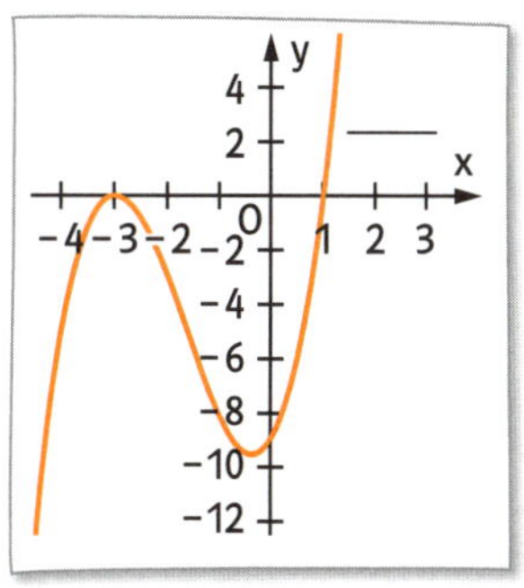

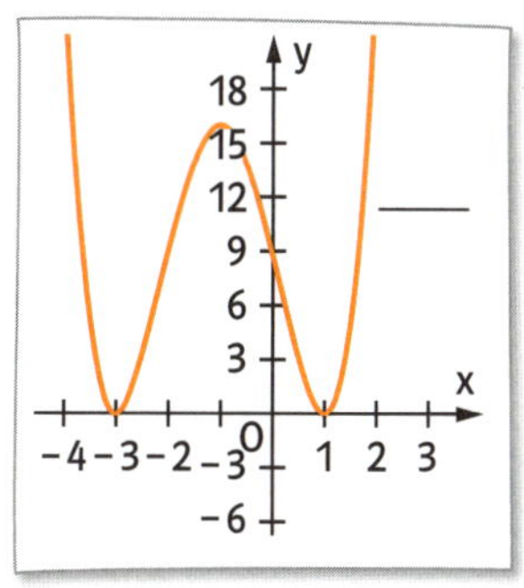

5 Berechne ohne GTR alle lokalen und globalen Extremwerte von f mit $f(x) = \frac{1}{2}x^3 - 3x$ in $D = [-2; 4]$.

Randextrema: $f(-2) =$ ________ und $f($____$) =$ ________

Ableitung von f: $f'(x) =$ ________

Nullstellen von f': ________

Bei $x_1 =$ ____ hat f' einen Vorzeichenwechsel von ____ nach ____ .

Bei $x_2 =$ ____ hat f' einen Vorzeichenwechsel von ____ nach ____ .

$f($____$) =$ ________ ; da f ungerade ist, folgt $f($____$) =$ ________ .

Lokale Minima: ________ Lokale Maxima: ________

Globales Minimum: ________ Globales Maximum: ________

6 Die Punkte A und B liegen auf der Geraden g. Bestimme eine Gleichung dieser Geraden.

a) A(6 | 3 | −2), B(5 | −2 | −1)

$g: \vec{x} = \begin{pmatrix} \square \\ \square \\ \square \end{pmatrix} + \_\_\_ \cdot \begin{pmatrix} \square \\ \square \\ \square \end{pmatrix}$

b) A(−5 | 0 | 2), B(−2 | 3 | 1)

$g: \vec{x} = \begin{pmatrix} \square \\ \square \\ \square \end{pmatrix} + \_\_\_ \cdot \begin{pmatrix} \square \\ \square \\ \square \end{pmatrix}$

c) A(2 | 2 | −1), B(−1 | −2 | −2)

$g: \vec{x} = \begin{pmatrix} \square \\ \square \\ \square \end{pmatrix} + \_\_\_ \cdot \begin{pmatrix} \square \\ \square \\ \square \end{pmatrix}$

7 Zeige, dass die Geraden nicht parallel sind.

$g: \vec{x} = \begin{pmatrix} 5 \\ 0 \\ 3 \end{pmatrix} + r\begin{pmatrix} 2 \\ 3 \\ -1 \end{pmatrix}$, $h: \vec{x} = \begin{pmatrix} -1 \\ -2 \\ 6 \end{pmatrix} + s\begin{pmatrix} 8 \\ 12 \\ 4 \end{pmatrix}$

Die Geraden g und h sind nicht parallel, weil ______

______________________________.

8 Überprüfe, ob die Geraden zueinander windschief sind oder sich schneiden. Bestimme gegebenenfalls den Schnittpunkt.

$g: \vec{x} = \begin{pmatrix} 0 \\ 1 \\ 1 \end{pmatrix} + r\begin{pmatrix} 1 \\ -1 \\ 1 \end{pmatrix}$, $h: \vec{x} = \begin{pmatrix} 1 \\ -5 \\ 4 \end{pmatrix} + s\begin{pmatrix} -2 \\ -3 \\ 0 \end{pmatrix}$

Gesucht ist die Lösung des Gleichungssystems

______________________________.

Der GTR liefert zur Matrix

____

die Lösung ______________________.

Die Geraden g und h ______________________.

9 Bestimme den Punkt mit waagerechter Tangente des Graphen von f im Intervall [0; 2π].

$f(x) = \cos(x) - x$

$f'(x) =$ ______________________

$f'(x) = 0$: ______________________

____

$x =$ ______________________

P(______ | ______)

10 Gib den Term einer Sinusfunktion mit den folgenden Eigenschaften an:

- der Abstand zweier benachbarter Extremstellen ist 1
- Amplitude $a = 1$
- der minimale Funktionswert ist 1

$f(x) =$ ______________

11 In einem begrenzten Bereich stellt $f(x) = 3 \cdot 1{,}5^x$ das Wachstum einer Bakterienkultur dar (x in Stunden seit Beginn der Messung, f(x) in cm^2).

a) Wie groß war die Fläche der Kultur zu Beginn der Messung? ______________________

b) Welche Fläche bedeckt die Kultur nach 2 Stunden?

____

c) Was bedeutet $f(-0{,}5)$?

____

____

____

12 Eine Exponentialfunktion hat die Form $f(x) = a^x$. Bestimme a.

a) $f(2) = 3$

b) $f(-1) = \sqrt{2}$

Zufallsvariable und Erwartungswert

1 In einer Urne befinden sich 3 graue und 2 orange Kugeln. Mia darf dreimal ziehen. Die gezogenen Kugeln werden nicht zurückgelegt.
Für jede graue Kugel erhält sie einen Euro. Bei welchem Einsatz ist das Spiel fair?

a) Ergänze das Baumdiagramm.

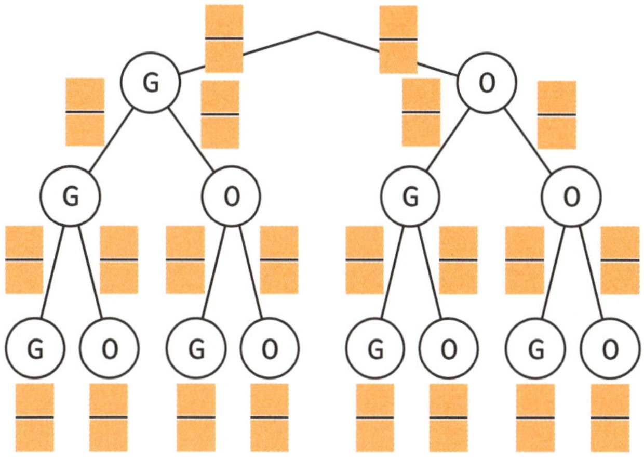

b) Erstelle eine Wahrscheinlichkeitsverteilung für die Zufallsvariable X, die die Anzahl a der gezogenen grauen Kugeln beschreibt:

Anzahl a	0			
P(X = a)				

Berechnung des Erwartungswerts für X:

E(X) = ______

c) Mia kann langfristig mit einer Auszahlung von ______ € pro Spiel rechnen. Ein fairer Einsatz würde also ______ € betragen.

2 Die beiden Würfel A und B werden gleichzeitig geworfen. Die Zufallsvariable X ist die Summe der beiden gewürfelten Zahlen. Ergänze die Tabelle und berechne den Erwartungswert E(X).

Ⓐ
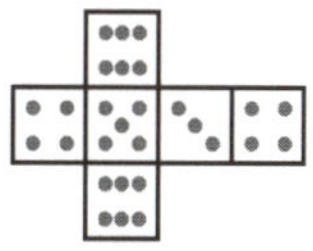

Ⓑ
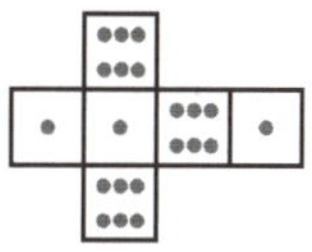

Augensumme s	4							
P(X = s)								

Erwartungswert: E(X) = ______

Würfelt man nur mit Würfel A, so beträgt der Erwartungswert $\frac{1}{6}\cdot 3+\frac{2}{6}\cdot 4+$ ______ = ______ .

Für den Würfel B erhält man den Erwartungswert ______ = ______ .

Die Summe dieser beiden Werte ergibt: ______

3 a) Ein Dreh am Glücksrad kostet 5 Euro. Welchen Betrag muss der Betreiber des Glücksrads bei „Weiß" auszahlen, damit das Spiel fair ist?
Bestimme die Wahrscheinlichkeitsverteilung für die Zufallsvariable X, die den Gewinn eines Spielers in Euro beschreibt.

AUSZAHLUNG:
Weiß: ?
Orange: 3 Euro
Grau: 2 Euro

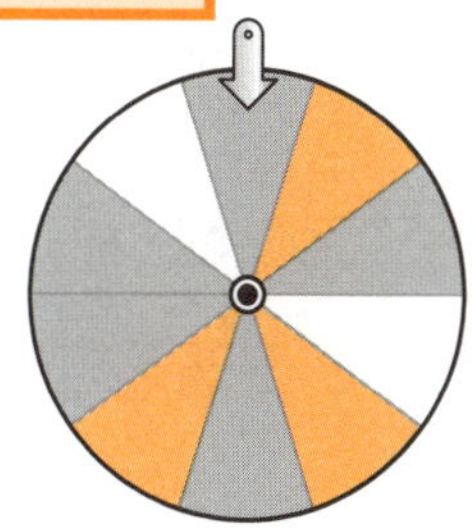

Farbe	Orange	Grau	Weiß
Gewinn g (in Euro)	−2	−3	z
P(X = g)			

Damit das Spiel fair ist, muss gelten: E(X) = ______ .

Dies führt auf die Gleichung ______ .

Lösung der Gleichung: ______

Bei einem fairen Spiel muss der Gewinn bei „Weiß" ______ € betragen, also muss der Betreiber dann ______ € auszahlen.

b) Welchen Betrag muss der Betreiber des Glücksrads bei „Weiß" auszahlen, damit er pro Spiel einen Gewinn von 50 ct erwarten kann? Es muss gelten: E(X) = ______ . Dies führt auf die Gleichung ______ .

Lösung der Gleichung: ______

Bernoulli-Versuche

1 a) Der Binomialkoeffizient $\binom{4}{2}$ gibt an, wie viele Pfade bei einer vierfachen Versuchswiederholung genau zwei Treffer beinhalten.
Schreibe sämtliche Pfade in der angegebenen Form auf (T = Treffer; N = Niete).

TTNN, TNTN, ____________________ Also: $\binom{4}{2}$ = ______

b) Verfahre genauso bei dem Binomialkoeffizienten $\binom{5}{2}$. ____________________

____________________ Also: $\binom{5}{2}$ = ______

2 Bei Fifty-fifty-Experimenten (zum Beispiel beim Münzwurf) haben Treffer und Niete dieselbe Wahrscheinlichkeit, nämlich ________ . Jeder Pfad hat dann bei fünfmaliger Versuchswiederholung die Wahrscheinlichkeit ____________ .

Die Wahrscheinlichkeit für genau k Treffer in fünf Versuchen berechnet sich dann so: $\binom{5}{k} \cdot \square^5$

Berechne mit dieser Formel die zugehörige Wahrscheinlichkeit.

k: Anzahl der Treffer	0	1	2	3	4	5
Wahrscheinlichkeit	0,03125					

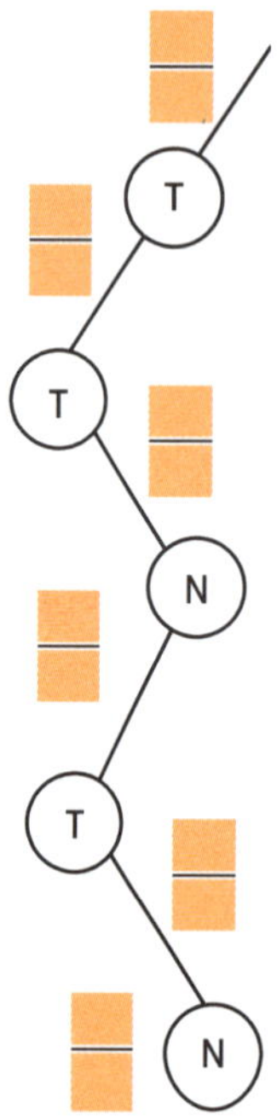

3 Bei einer Bernoulli-Kette benutzt man die Bernoulli-Formel
$P(X = r) = \binom{n}{r} \cdot p^r \cdot (1 - p)^{n-r}$. Dabei steht n für die Anzahl der ____________________ , p für die ____________________ und r für die Anzahl der ____________________ .

Berechne wie im Beispiel.

a) Bei fünffachem Münzwurf genau zweimal Wappen: $P(X = 2) = \binom{5}{2} \cdot 0{,}5^2 \cdot 0{,}5^3 = 0{,}3125$

b)  Bei viermaligem Würfeln genau dreimal eine Sechs: ____________________

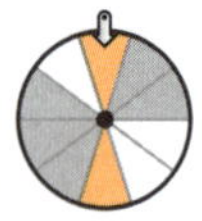

c) Bei zehnmaligem Drehen genau dreimal Orange: ____________________

d) Bei fünfmaligem Drehen genau viermal Grau: ____________________

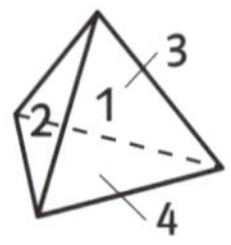

e) Bei neunmaligem Würfeln genau einmal die Eins: ____________________

f) Bei sechsmaligem Würfeln genau dreimal die Vier: ____________________

4 a) Der Binomialkoeffizient $\binom{n}{r}$ steht im pascalschen Dreieck in der ________ Zeile an der ________ Stelle.

b) Bestimme mithilfe des pascalschen Dreiecks.

$\binom{5}{1}$ = ____________ $\binom{6}{2}$ = ____________ $\binom{7}{3}$ = ____________

$\binom{7}{4}$ = ____________ $\binom{8}{8}$ = ____________ $\binom{7}{6}$ = ____________

$\binom{10}{5}$ = ____________ $\binom{9}{7}$ = ____________ $\binom{12}{0}$ = ____________

1
1 1
1 2 1
1 3 3 1
1 4 6 4 1
1 5 10 10 5 1
1 6 15 20 15 6 1
1 7 21 35 35 21 7 1
1 8 28 56 70 56 28 8 1
1 9 36 84 126 126 84 36 9 1
1 10 45 120 210 252 210 120 45 10 1

Binomialverteilung (1)

1 Zwanzig zufällig ausgesuchte Personen werden befragt, ob sie an einem Sonntag geboren wurden. X ist die Anzahl der Personen, die an einem Sonntag geboren wurden.

a) Mit welcher Wahrscheinlichkeit trifft dies auf genau 2 Personen zu? $P(X = 2) \approx$ ______

b) Mit welcher Wahrscheinlichkeit trifft dies auf höchstens zwei Personen zu? $P(X \leqq 2) \approx$ ______

c) Mit welcher Wahrscheinlichkeit trifft dies auf mindestens 3 Personen zu? ______

d) Mit welcher Wahrscheinlichkeit trifft dies auf mindestens 5 Personen zu? ______

2 Handelt es sich um eine Bernoulli-Kette?

Aussage	ja	nein
a) Ein Würfel wird zehnmal geworfen und jeweils wird geprüft, ob eine Sechs fällt.	○	○
b) Ein Würfel wird zehnmal geworfen und anschließend wird notiert, wie viele Sechsen gefallen sind.	○	○
c) Die Lottozahlen der letzten Ziehung werden nacheinander darauf untersucht, ob sie gerade sind.	○	○
d) Die Lottozahlen der letzten 10 Wochen werden jeweils darauf untersucht, ob es mit der Tippreihe 3; 15; 17; 29; 35; 45 mindestens 3 Übereinstimmungen gab.	○	○
e) Bei den letzten 10 Heimspielen des VfB Stuttgart wird jeweils geprüft, ob es einen Heimsieg gab.	○	○

3 Die Zufallsvariable X ist binomialverteilt mit den Parametern $n = 6$ und $p = 0{,}4$. Jeweils drei Karten beschreiben das gleiche Ereignis. Finde zusammengehörige Karten und berechne deren Ergebnisse.

$P(X \leq 3)$ | $P(1 \leq X \leq 5)$ | $P(2 \leq X \leq 4)$ | $1 - P(X \leq 4)$ | $1 - P(X \geq 4)$ | $P(X \leq 4) - P(X \leq 1)$ | $1 - 0{,}4^6 - 0{,}6^6$ | $P(X < 4)$ | $P(X \geq 5)$ | $1 - P(X = 0) - P(X = 6)$ | $P(X = 5) + P(X = 6)$ | $1 - P(X \geq 5) - P(X < 2)$

$P(X \leqq 3) = P(\quad)$ = ______ Ergebnis: ______

P(______) = ______ = ______ Ergebnis: ______

P(______) = ______ = ______ Ergebnis: ______

P(______) = ______ = ______ Ergebnis: ______

4 Ein Markthändler wird von einem Biobauern mit Eiern beliefert. Aus Erfahrung weiß er, dass ein geliefertes Ei mit einer Wahrscheinlichkeit von 60 % braun und sonst weiß ist.

Mit welcher Wahrscheinlichkeit sind in einem Karton mit 10 Eiern

a) genau 4 braune Eier? ______

b) mindestens 4 braune Eier? ______

c) mindestens 4 weiße Eier? ______

d) mehr braune als weiße Eier? ______

e) mindestens 4, aber höchstens 7 weiße Eier? ______

f) von jeder Farbe mindestens drei Eier? ______

Binomialverteilung (2)

1 Die Gewinnwahrscheinlichkeit bei einer Tombola beträgt 30 %. Julian hat 6 Lose gekauft. Die Zufallsvariable X steht für die Anzahl der Gewinne und kann näherungsweise als binomialverteilt angesehen werden (da es sehr viele Lose gibt).

a) Ergänze die Binomialverteilung und zeichne das zugehörige Säulendiagramm. Runde auf 3 Dezimalen.

r	0	1	2	3	4	5	6
$P(X = r)$			0,324				

b) Mit welcher Wahrscheinlichkeit erhält man mindestens zwei und höchstens vier Gewinne?

1. Möglichkeit:
$P(2 \leqq X \leqq 4) = P(X = 2) + P(X = 3) + P(X = 4)$

$\approx$ 0,324 + ______

2. Möglichkeit:
$P(2 \leqq X \leqq 4) = P(X \leqq$ ____ $) - P(X \leqq$ ____ $)$

$\approx$ ______

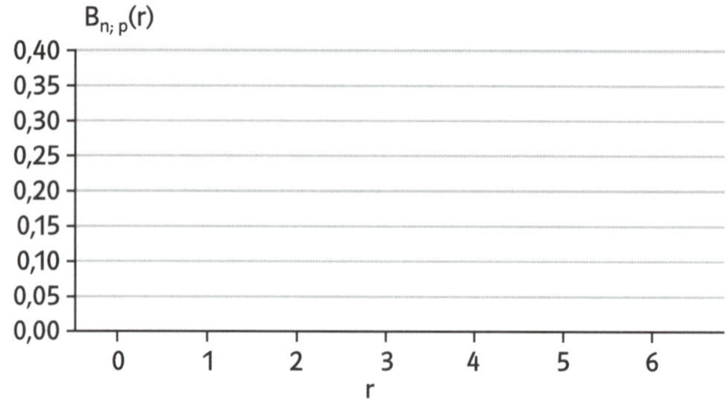

c) Wie viele Lose muss Julian mindestens kaufen, damit er mit einer Wahrscheinlichkeit von mindestens 99 % mindestens einen Gewinn hat?

Es muss gelten: $P(X$ ______ $) \geqq 0{,}99$. Es ist $P(X$ ______ $) = 1 - P(X$ ______ $) = 1 -$ ______ .

Demnach muss gelten: $1 -$ ______ $\geqq 0{,}99$; also ______ $\leqq 0{,}01$.

Lösen mit dem Logarithmus: ______

Ergebnis: Julian muss mindestens ______ Lose kaufen.

d) Wie viele Lose muss Juliane mindestens kaufen, damit sie mit einer Wahrscheinlichkeit von mindestens 99 % mindestens drei Gewinne hat?

Es muss gelten: $P(X$ ______ $) \geqq 0{,}99$. Es ist $P(X \geqq 3) = 1 - P(X \leqq$ ______ $)$.

Demnach muss gelten: $1 - P(X \leqq$ ______ $) \geqq 0{,}99$; also $P(X \leqq$ ______ $) \leqq 0{,}01$.
Mit der Wertetabelle des GTR erhält man als Ergebnis, dass

Juliane mindestens ______ Lose kaufen muss.

2 Von 100 Fluggästen treten durchschnittlich fünf ihre Reise nicht an.

a) Eine Fluggesellschaft verkauft für einen Flug mit einer Boeing 767-300ER (269 Sitzplätze) 280 Tickets. Wie groß ist die Wahrscheinlichkeit, dass alle eintreffenden Fluggäste einen Sitzplatz bekommen?

Das Eintreffen der Fluggäste kann als Bernoulli-Kette der Länge

$n =$ ______ mit der Trefferwahrscheinlichkeit $p =$ ______ interpretiert werden.
Gesucht ist die Wahrscheinlichkeit $P(X \leqq$ ______ $)$.

Die Wahrscheinlichkeit, dass jeder eintreffende Passagier einen Sitzplatz bekommt, beträgt rund ______ %.

b) Für einen Flug mit einem Airbus A380-800E (550 Plätze) möchte die Fluggesellschaft gerade so viele Tickets verkaufen, dass mit einer Wahrscheinlichkeit von mindestens 99 % jeder eintreffende Fluggast einen Sitzplatz erhält. Berechne die Anzahl der Tickets, die höchstens verkauft werden sollten.

Es muss gelten: $P(X$ ______ $) \geqq 0{,}99$.
Mit der Wertetabelle des GTR erhält man als Ergebnis, dass die Fluggesellschaft höchstens ______ Tickets verkaufen sollte.

Graph und Erwartungswert der Binomialverteilung

1 Bestimme den Erwartungswert E(X) und gib den Wert von X mit der größten Wahrscheinlichkeit an.

a) X beschreibt die Anzahl der Sechsen bei 20-maligem Würfeln:

Erwartungswert: E(X) = 20 · ________ = ______ Wert mit der größten Wahrscheinlichkeit: ______

b) X beschreibt die Anzahl der zufällig richtig beantworteten Fragen bei einem Multiple-Choice-Test mit 30 Fragen und je vier Ankreuzmöglichkeiten, von denen jeweils genau eine richtig ist.

Erwartungswert: E(X) = ________ = ______ Wert mit der größten Wahrscheinlichkeit: ________

2 Ein Reißnagel landet zu etwa 60 % auf dem Kopf und zu 40 % auf der Seite.

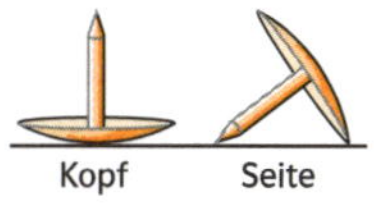

a) Annika wirft 25 Reißnägel. Wie groß ist der Erwartungswert für die Anzahl der Reißnägel, die auf dem Kopf liegen? ________________

b) Robin bekommt folgendes Spiel angeboten:
Für einen Einsatz von 2 Euro kann er 12 Reißnägel in die Luft werfen. Er bekommt 9 Euro ausbezahlt, wenn mindestens 9 Reißnägel auf dem Kopf landen. Mit welchem Gewinn bzw. Verlust kann Robin rechnen, wenn er das Spiel 1000-mal spielt?
Die Wahrscheinlichkeit, dass mindestens 9 Reißnägel auf dem Kopf landen, beträgt rund ________ .

Robins Gewinn (in Euro) pro Spiel beträgt demnach: E(X) = ________________

Bei 1000 Spielen kann Robin einen Gewinn von rund ______ Euro erwarten.

3 Ordne die Karten den zugehörigen Säulendiagrammen zu.

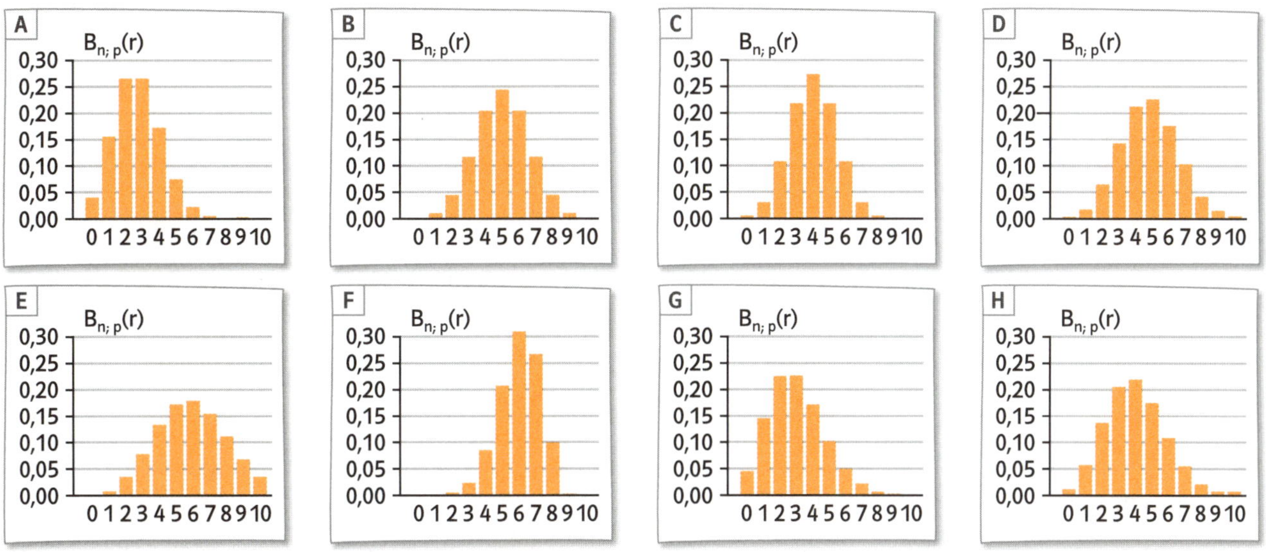

| n = 20; p = 0,2 | n = 100; p = 0,03 | n = 8; p = 0,75 | n = 30; p = 0,2 | n = 12; p = 0,4 | n = 8; p = 0,5 | n = 10; p = 0,5 | n = 9; p = 0,3 |

4 Yaron greift nacheinander aus der Schublade zufällig 2 Socken.
Wie viele schwarze Socken kann er erwarten?
Bei dieser Ziehung der Socken handelt es sich nicht um eine Bernoulli-Kette,

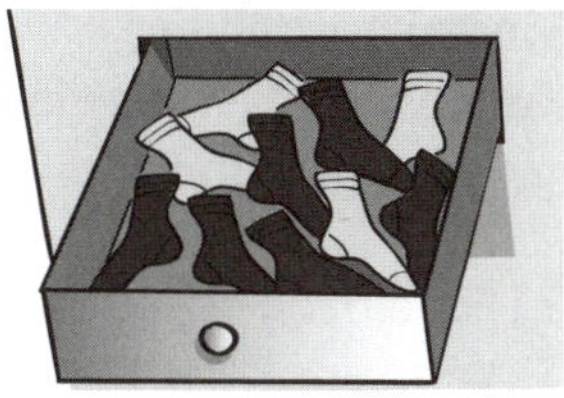

denn ____ .
Den Erwartungswert für die Anzahl X der schwarzen Socken kann man so berechnen:

$P(X = 2) = \frac{6}{10} \cdot$ ________ $P(X = 0) =$ ________ $P(X = 1) = 1 -$ ________

Demnach gilt: E(X) = ________________________________

Fülle die Lücken. Für jeden Buchstaben findest du einen Strich. Löse dann die Beispielaufgaben.

Zufallsvariable – Erwartungswert

Eine Zufallsvariable X ordnet jedem Ergebnis eines Zufallsversuchs einen _ _ _ _ _ _ _ _ _ _ zu.
Den Erwartungswert der Zufallsvariablen erhält man, indem man jeden Wert von X mit seiner Wahrscheinlichkeit P(X) _ _ _ _ _ _ _ _ _ _ _ _ _ und die Produkte _ _ _ _ _ _ _ .

■ Bei einem Wurf mit 3 Münzen gibt X die Anzahl a der geworfenen Wappen an.
Ergänze die Wahrscheinlichkeitsverteilung für X und berechne den Erwartungswert E (X).

Anzahl a	0	1	2	3
P(X = a)				

E (X) = ____________

Bernoulli-Versuch und Bernoulli-Kette

Ein Bernoulli-Versuch ist ein Zufallsexperiment mit nur _ _ _ _ möglichen _ _ _ _ _ _ _ _ _ _ _ .
Die Trefferwahrscheinlichkeit wird mit ____ bezeichnet.
Wird ein Bernoulli-Versuch n-mal unter gleichen Bedingungen wiederholt, spricht man von einer Bernoulli-_ _ _ _ _ der _ _ _ _ _ n.

■ Beim Ziehen mehrerer Kugeln aus einer Urne handelt es sich nur dann um eine Bernoulli-Kette, wenn man die gezogenen Kugeln ____________ .

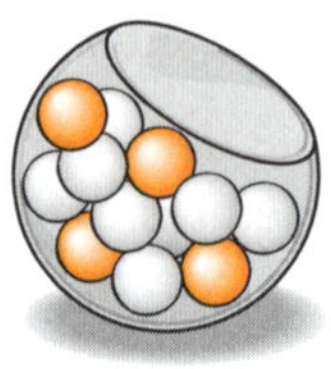

Die Trefferwahrscheinlichkeit für eine orange Kugel beträgt dann p = ______ .

Bernoulli-Formel

Die Wahrscheinlichkeit, bei einer Bernoulli-Kette der Länge ____ genau ____ Treffer zu erzielen, beträgt

$P(X = r) = \binom{n}{r} \cdot p^r \cdot (1 - p)^{n-r}$.

Es gibt $\binom{n}{r}$ Möglichkeiten, bei ____ Durchführungen genau ____ Treffer zu erzielen.

■ Gib alle Ergebnisse der Länge 5 mit 2 Treffern an:

TTNNN, TNTNN, ____________

____

____________ $\binom{5}{2}$ = ______

Aus obiger Urne zieht man 5-mal mit Zurücklegen. Mit welcher Wahrscheinlichkeit erhält man genau (höchstens, mindestens) zwei orange Kugeln?

$P(X = 2) = \binom{5}{2} \cdot \left(\frac{1}{3}\right)^{■} \cdot (\_\_\_\_)^{■} \approx$ ______

$P(X \leqq 2) \approx$ ______ $P(X \geqq 2) \approx$ ______

Binomialverteilung

Die Wahrscheinlichkeitsverteilung bei einer Bernoulli-Kette heißt Binomialverteilung.

■ Bestimme die Binomialverteilung für $n = 5$ und $p = \frac{1}{3}$.

r	0	1	2	3	4	5
P(X = r)						

Graph und Erwartungswert der Binomialverteilung

Der Erwartungswert einer binomialverteilten Zufallsvariable mit den Parametern n und p beträgt

μ = ______ .

■ Bestimme den Erwartungswert für die Binomialverteilung mit $n = 12$ und $p = 0{,}4$.

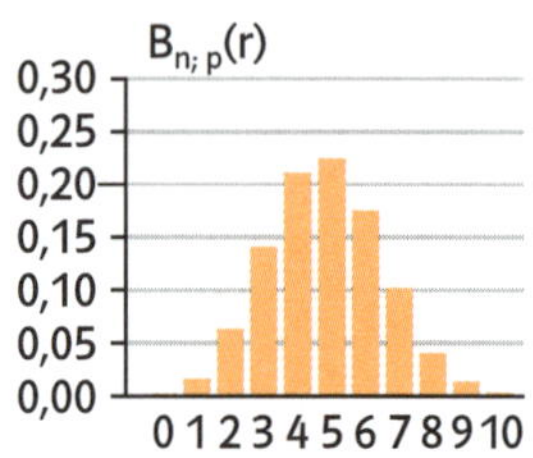

μ = ______

Modellieren von Wachstumsvorgängen (1)

1 Die Datenreihe soll durch ein lineares Wachstum modelliert werden. Bestimme hierzu die Wachstumsrate aufeinanderfolgender Werte und bilde daraus den Mittelwert.

x in Tagen	0	1	2	3
Bestand	5,0	8,4	11,1	14,9

Mittelwert der Wachstumsraten:

$m = \frac{\_\_\_ + \_\_\_ + \_\_\_}{3} = \_\_\_$

Funktionsgleichung: f(x) = ______________________

2 Das Kapitalwachstum soll durch ein exponentielles Wachstum modelliert werden. Bestimme hierzu aus der Tabelle den Wachstumsfaktor auf drei Dezimalen sowie den Anfangswert.

x in Jahren	0	1	2	3
Kapital in Euro	1500	1538	1576	1615

Mittelwert der Wachstumsfaktoren: __________

Anfangswert: ________

Funktionsgleichung: f(x) = ______________________

3 Die Bevölkerungsentwicklung von Irland ist in der folgenden Tabelle wiedergegeben. Handelt es sich hierbei um exponentielles oder um lineares Wachstum? Bestimme für beide Modellierungen eine Prognose für die Jahre 2001, 2003, 2005, 2007 und 2009.

Jahr	2000	2002	2004	2006	2008
Bevölkerung in Mio.	3,80	3,88	3,97	4,06	4,16

Bei einer linearen Modellierung ergibt sich eine mittlere Wachstumsrate von ________ Millionen Einwohnern jährlich und somit die Funktionsgleichung f(t) = ______________ (Jahr 2000: t = 0).

Bei einer exponentiellen Modellierung ergibt sich auf vier Dezimalen ein mittlerer Wachstumsfaktor von __________ pro Jahr und somit die Funktionsgleichung g(t) = ______________ (Jahr 2000: t = 0).

Vergleiche nun die beiden Modellprognosen mit den wirklichen Bevölkerungszahlen (jeweils in Millionen):

	2001	2003	2005	2007	2009
lineare Prognose f(t)					
exponentielle Prognose g(t)					
wirkliche Bevölkerung	3,84	3,92	4,02	4,11	4,20

Um beurteilen zu können, welche Modellierung besser geeignet ist, reichen diese Zahlen sicherlich nicht aus. Die Bevölkerungszahl Irlands steigt seit den 1960er-Jahren an. 1960 betrug die Einwohnerzahl 2,83 Millionen.

Mit dem linearen Modell erhielte man für 1960 (t = ______) eine Anzahl von ________ Millionen Einwohnern, mit dem exponentiellen Modell wären es ________ Millionen Einwohner. Dieser Vergleich spricht für das ______________________ Modell.

4 Im Jahr 2000 hat die Einwohnerzahl Indiens erstmals die Milliardengrenze überschritten. Nach UN-Prognosen werden im Jahr 2050 etwa 1,5 Milliarden Menschen in Indien leben. Von welchem durchschnittlichen Wachstumsfaktor a geht diese Prognose aus? Zu lösen ist die Gleichung

____

____

Der Wachstumsfaktor ist a ≈ ________; dies entspricht einem jährlichen Wachstum um ______ %.

5 Für Deutschland gibt das Statistische Bundesamt folgende Eckdaten für die mögliche Entwicklung der Einwohnerzahl an (in Millionen Einwohner). Welche Wachstumsfaktoren a liegen zugrunde?

2006	2050: untere Grenze	2050: obere Grenze
82,3	68,7	74,0
	a ≈	a ≈

Nach dieser Prognose nimmt die Bevölkerung Deutschlands bis 2050 um mindestens ______ % jährlich ab.

1 a) Die Verbreitung von internetfähigen Geräten verläuft rasant: Waren es im Jahr 1992 noch etwa 1 000 000 weltweit, so stieg deren Anzahl im Jahr 2008 auf über 1 000 000 000. Modelliert man die Entwicklung mit einem exponentiellen Wachstum und setzt $x = 0$ für das Jahr 1992, so lautet der Ansatz für die zugehörige Funktionsgleichung

$f(x) = 10^6 \cdot a^x$. Für das Jahr 2008 ist $x =$ ___, und hiermit erhält man

zur Berechnung von a die Gleichung $10^9 = 10^6 \cdot a^{\square}$. Die Division durch

10^6 ergibt ___ = ___. Durch Wurzelziehen erhält man $a \approx$ ___

und die Funktionsgleichung $f(x) =$ ___.

b) Im Jahr 2010 gibt es nach diesem Modell f(___) = ___ ≈ ___ solcher Geräte.

c) Im Jahr 1982 (x = ___) waren es demnach f(___) = ___ ≈ ___ Geräte.

d) Mithilfe dieses Modells kann man zudem berechnen, wann es das erste „Internet“ mit 88 vernetzten Computern gegeben haben müsste.

$88 = 10^6 \cdot$ ___^{x} | : 10^6

$8{,}8 \cdot 10^{-5} =$ ___^{x} | Logarithmieren

$x \approx$ ___

Das Internet der ersten Stunde mit 88 Rechnern stammt übrigens aus dem Jahr 1982. Demnach ist entweder der Wachstumsfaktor a zu ___ gewählt oder das Modell des exponentiellen Wachstums ist nicht angemessen.

2 Die weltweite Anzahl der Computer kann der folgenden Tabelle entnommen werden, die auch den prognostizierten Wert für das Jahr 2015 enthält.

Jahr	1970	1996	2008	2015
Computer	7000	250 Mio.	1 Mrd.	2 Mrd.

"I think there is a world market for maybe five computers."

Dies soll IBM-Chef Thomas Watson im Jahr 1943 geäußert haben, wofür es allerdings keinen ernsthaften Beleg gibt.

Führe mit dem GTR eine exponentielle Regression durch:

$f(x) =$ ___ (1970: $x = 0$)

Bestimme hiermit das Jahr, in dem es den ersten Computer gegeben hat:

Dies müsste das Jahr ___ gewesen sein.

Den ersten funktionstüchtigen Computer der Welt baute Konrad Zuse 1941 in Berlin; er hat den Namen Z3.

3 Die Geldbeträge, die von Bundesligavereinen für neue Spieler bezahlt werden, wachsen immer stärker an. In der Tabelle ist der im jeweiligen Jahr teuerste Transfer in Millionen Deutsche Mark (DM) dargestellt.

Zur Erinnerung:
1 Euro = 1,95583 DM

1976 Van Gool	1977 Keegan	1979 Woodcock	1987 Detari	1990 Laudrup	1995 Herrlich	2000 Lucio	2001 Amoroso
1,0	2,0	2,5	3,6	6,0	10,7	17,5	51,0

Bestimme für die Entwicklung der Transfersummen mithilfe des GTR Funktionsgleichungen für lineares und exponentielles Wachstum (setze $x = 0$ für das Jahr 1976) und stelle hiermit Prognosen für das Jahr 2009 auf.

Lineares Wachstum: $f(x) =$ ___

Prognose für 2009: f(___) ≈ ___ Mio. DM ≈ ___ Mio. Euro

Exponentielles Wachstum: $g(x) =$ ___

Prognose für 2009: g(___) ≈ ___

Recherchiere und vergleiche mit der höchsten Transfersumme 2009: ___.

Beurteile die beiden Modelle: ___

1 Der Sonnenaufgang für Freiburg ist für ausgewählte Tage des Jahres 2011 dargestellt (alle Zeiten MEZ).

Datum	21.03.2011	21.06.2011	23.09.2011	21.12.2011
Sonnenaufgang	06:32 Uhr	04:30 Uhr	06:17 Uhr	08:16 Uhr
Minuten nach 00:00 Uhr	392			
Tag nach dem 23.09.	− 186			

Der Zeitpunkt des Sonnenaufgangs in Minuten nach 00:00 Uhr lässt sich annähernd durch eine Funktion f mit $f(x) = a \cdot \sin(bx) + d$ ($f(x)$ in Minuten, x in Tagen) beschreiben. Das Maximum liegt bei y_{max} = ______

und das Minimum bei y_{min} = ________, damit ergibt sich für den mittleren Sonnenaufgang

$d = \frac{y_{max} + y_{min}}{2} = \frac{\square + \square}{2}$ = ______ und für die Amplitude $a = \frac{y_{max} - y_{min}}{2} = \frac{\square - \square}{2}$ = ________ .

Die Periodenlänge beträgt ein Jahr, also $p \approx$ ______ Tage, für b folgt daraus $b = \frac{2\pi}{p} \approx \frac{2\pi}{\square} \approx$ ________ .

Somit lautet die Funktionsgleichung $f(x)$ = ______________________ .

Vergleiche nun die Funktionswerte dieser Modellierung für die tabellierten Tage mit den tatsächlichen Werten.

Beurteilung dieser Modellierung:

____

____

Tag	01.05.2011	01.07.2011	01.11.2011
Tag nach dem 23.09.			
f(x)			
tatsächlicher Wert in Minuten nach 00:00 Uhr	313	274	434

2 Bei der Schwingung eines Pendels wurde eine Messreihe aufgenommen (x in Sekunden und y in cm). Aus dem Plot und der Wertetabelle lassen sich die Parameter für eine Modellierung mit $f(x) = a \cdot \sin(bx) + d$ näherungsweise bestimmen.

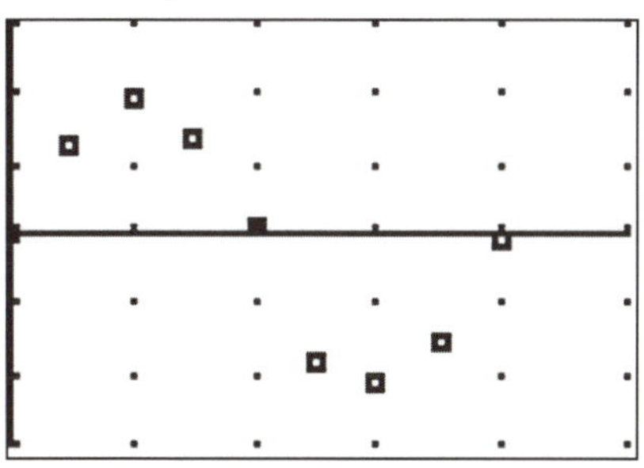

x	y
0	0
0,5	1,3
1	1,9
1,5	1,4
2	0,1
2,5	− 1,8
3	− 2,1

Die Amplitude beträgt $a \approx$ ______, die Verschiebung in y-Richtung ist $d \approx$ ______, und die Periodenlänge ist $p \approx$ ______, also $b = \frac{2\pi}{p} \approx$ ______ .

3 Welche Funktionsvorschrift gehört näherungsweise zu welcher Datenreihe? Welches ist der zugehörige Graph? Verbinde.

x	1	2	3	4	5
y	− 0,7	− 5,4	0,3	− 4,1	− 2,7

x	1	2	3	4	5
y	− 2,3	− 3	− 2	− 3,3	− 1,5

x	1	2	3	4	5
y	− 0,5	− 2,6	− 5,5	− 3,7	− 0,7

$f(x) = 2{,}5 \cdot \sin(1{,}5x) - 3$

$g(x) = 1{,}5 \cdot \sin(3x) - 2{,}5$

$h(x) = 3 \cdot \sin(2{,}5x) - 2{,}5$

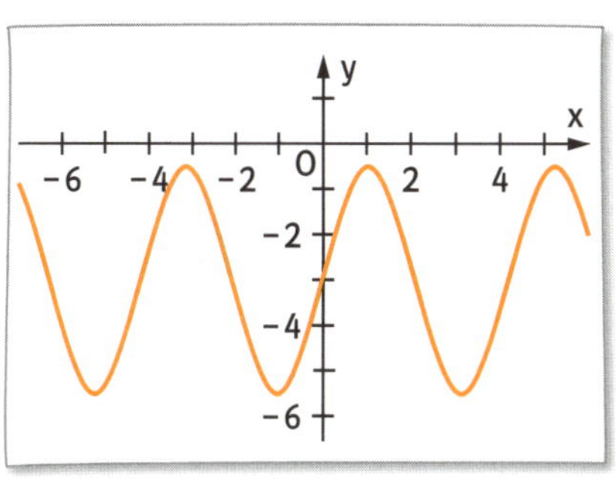

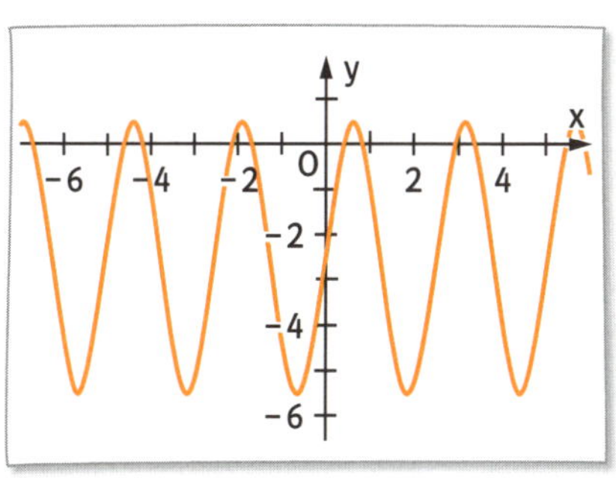

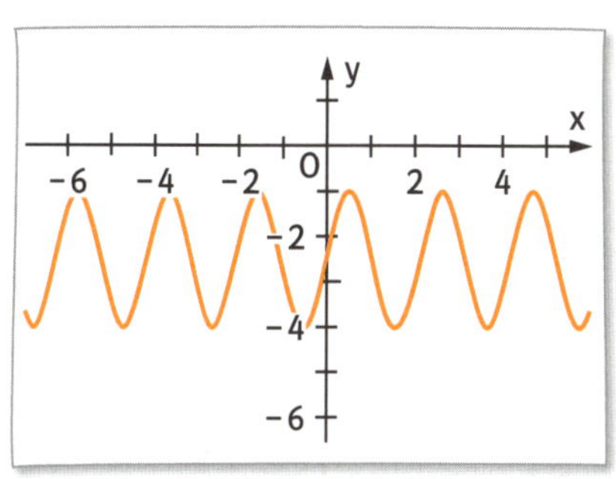

Modellieren von geradlinigen Bewegungen

1 Ein Schiff befindet sich zum Zeitpunkt $t = 0$ an der Position (1 | 2). Nach 1 Sekunde hat es die Position (6 | 6) erreicht (Positionsangaben in Metern, von einer Boje aus angepeilt). Man kann die Bewegung des Schiffs durch eine geradlinige Bewegung modellieren. Dies geschieht mithilfe einer Geraden g mit $\vec{x} = \vec{p} + t \cdot \vec{u}$.
Der Richtungsvektor $\vec{u}$ beschreibt die Ortsveränderung pro Sekunde: $\vec{p} = \begin{pmatrix} \square \\ \square \end{pmatrix}$, $\vec{u} = \begin{pmatrix} \square \\ \square \end{pmatrix}$.

Nach 1 Sekunde hat das Schiff die Distanz $d = \sqrt{\square^2 + \square^2} \approx$ ______ , also rund ______ m zurückgelegt.

Es hat damit eine Geschwindigkeit von rund ______ m/s ≈ ______ km/h. Nach 2 Sekunden befindet sich das Schiff an der Position (______ | ______).

2 Zwei Forschungs-U-Boote befinden sich auf Kursen, die durch folgende Geraden beschrieben werden:
g: $\vec{x} = \begin{pmatrix} 11 \\ 4 \\ 7 \end{pmatrix} + t\begin{pmatrix} 1 \\ 3 \\ 4 \end{pmatrix}$ und h: $\vec{x} = \begin{pmatrix} 3 \\ 0 \\ 1 \end{pmatrix} + t\begin{pmatrix} 2 \\ 2 \\ 2 \end{pmatrix}$ (Koordinateneinheiten in km, Zeit t in Stunden ab $t = 0$).

a) Bestimme den minimalen Abstand der beiden U-Boote. Stelle zunächst die Abstandsfunktion d(t) auf:

d(t) = ________________________________

Betrachte den Graphen der Funktion mit dem GTR und bestimme das ____________ der Funktion d(t). Die beiden U-Boote haben den geringsten Abstand zum Zeitpunkt $t \approx$ ______ . Dieser Abstand beträgt rund ________ km.

b) Der Funkkontakt der U-Boote reicht bis zu einer Weite von etwa 100 km.
Zu welchem Zeitpunkt bricht der Funkkontakt ab? Hierzu ist die Gleichung ________________ zu lösen.
Die Betrachtung des Graphen mit dem GTR liefert die Lösung $t \approx$ ______ , also rund ______ Stunden.

3 Von einer Geraden, die die Bewegung eines Fahrzeugs beschreibt, sind zwei Angaben bekannt. Stelle die zugehörige Geradengleichung in der Form $\vec{x} = \vec{p} + t \cdot \vec{u}$ auf (Ortsangaben in Metern, t in Sekunden).

a) $t = 0$: (3 | 5); $t = 1$: (5 | 3)
$\vec{x} =$ ________________________

b) $t = 0$: (8 | 4); $t = 2$: (12 | −4)
$\vec{x} =$ ________________________

c) $t = 1$: (0 | 0); $t = 4$: (12 | −9)
$\vec{x} =$ ________________________

4 Die Anzeige eines Positionsgeräts ist fehlerhaft, es kann nicht mehr zwischen 3 und 8 unterschieden werden. Zum Zeitpunkt $t = 0$ zeigt das Gerät (3 | 3 | 3) an. Es könnte allerdings zum Beispiel auch die Position (3 | 8 | 8) sein. Es ist bekannt, dass das beobachtete Objekt eine geradlinige Bewegung ausführt.
Nach 1 Sekunde zeigt das Gerät (13 | 13 | 13) an und nach 2 Sekunden (13 | 23 | 33). Finde die richtigen Positionsangaben.

Die richtigen Positionsangaben sind:

(____ | ____ | ____), (____ | ____ | ____) und (____ | ____ | ____).

Modellierungskreislauf

1 Der Anteil der weiblichen und männlichen Bevölkerung in Deutschland ist nicht konstant. In den letzten Jahrzehnten haben sich die beiden Geschlechteranteile angenähert.

Kann man aus den Daten Prognosen für die Zukunft entwickeln? In der Tabelle sind die Daten des Statistischen Bundesamtes wiedergegeben.

Jahr	1961	1990	2008	2015
x	0			
Anteil der männlichen Bevölkerung y	0,466	0,483	0,490	?

Eine **lineare Regression** mit dem GTR ergibt y = ______________________________ .

Mit dieser Modellierung kann man bestimmen, wann der Anteil der männlichen Bevölkerung 0,5 beträgt.

Dies ist für x ≈ ______ , also im Jahr ______ der Fall. Danach würde er immer weiter zunehmen, bis er irgendwann 1 betragen würde; das wäre für x ≈ _______ , also in rund ______ Jahren der Fall.

Dies spricht ________ das lineare Modell.

Exponentielle Regression:
Man könnte vermuten, dass sich die beiden Geschlechter angleichen werden, also die Differenz d zum Anteil 0,5 exponentiell abnehmen könnte.

Jahr	1961	1990	2008	2015
x	0			
Anteil der männlichen Bevölkerung	0,466	0,483	0,490	?
Differenz d zu 0,5	0,034			?

Eine exponentielle Regression mit dem GTR ergibt d(x) = ____________________ .
Beurteile dieses exponentielle Modell unter der Berücksichtigung der Tatsachen, dass die Wahrscheinlichkeit für die Geburt eines Jungen in Deutschland bei 0,514 liegt und Frauen eine um 7 Jahre höhere Lebenserwartung als Männer haben: ______________________________

____

2 Die Länge der Küstenlinie von Rügen soll näherungsweise bestimmt werden. Stelle deinen Zirkel mithilfe des Maßstabs auf den Radius 20 km ein. Beginne bei einem beliebigen Punkt auf der Küstenlinie und suche im Uhrzeigersinn den nächsten Schnittpunkt des Zirkels mit der Küstenlinie (Binnenseen gehören nicht zur Küste). Dort stichst du deinen Zirkel erneut ein. Wiederhole diesen Vorgang, bis du deinen Ausgangspunkt wieder erreichst oder übertriffst. Du erhältst durch Multiplikation der Anzahl der erhaltenen Zwischenpunkte mit 20 km einen Näherungswert für die Gesamtküstenlänge. Um das Ergebnis zu verfeinern, wiederhole das Verfahren mit Zirkeleinstellungen von 10 km und 5 km.

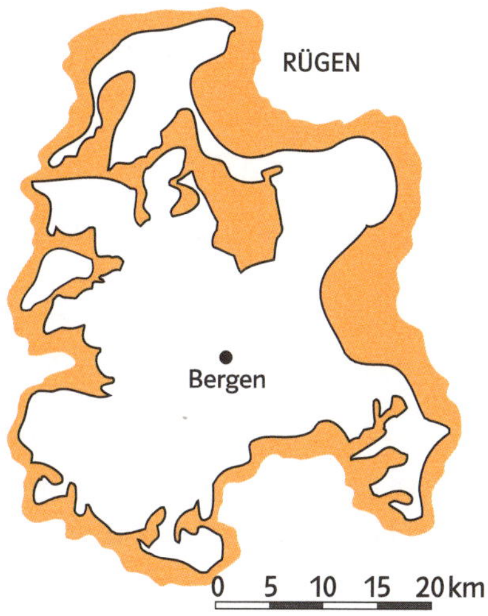

Zirkelweite	20 km	10 km	5 km
Anzahl der Zwischenpunkte			
Küstenlänge			

Vermutung: Je genauer man auf die Küstenlinie schaut, desto ______________________________

____

Gibt es eine obere Grenze für die Küstenlänge von Rügen oder wächst sie bei genauem Hinsehen über alle Grenzen? Beurteile die Modellierung: ______________________________

____

Fülle die Lücken. Für jeden Buchstaben findest du einen Strich. Löse dann die Beispielaufgaben.

Modellieren von Wachstumsvorgängen

Lineares Wachstum lässt sich mit der Funktionsgleichung $f(x) = mx + c$ modellieren.
Hierbei steht m für die Änderung pro Zeitschritt und entspricht der _ _ _ _ _ _ _ _ _ _ _ _ _ .

c ist der _ _ _ _ _ _ _ _ _ _ _ für $x = 0$.

Zunahme für ___ > 0; Abnahme für ___ < 0

Exponentielles Wachstum lässt sich mit der Funktionsgleichung $g(x) = c \cdot a^x$ modellieren.
Hierbei entspricht a dem

_ _ _ _ _ _ _ _ _ _ _ _ _ _ _ .

c ist der _ _ _ _ _ _ _ _ _ _ _ für $x = 0$.

Zunahme für ___ > 1; Abnahme für 0 < ___ < 1

■ Man hat zu Beginn 100 Würfel, die gleichzeitig geworfen werden. Alle Würfel, die eine „Eins" zeigen, werden entfernt. Die übrig gebliebenen Würfel werden erneut geworfen und wiederum werden die Würfel, die eine „Eins" zeigen, entfernt und so weiter. Die folgende Tabelle zeigt die Entwicklung der Anzahl der Würfel bei einer Durchführung.

Runde	0	1	2	3	4	5	6
Anzahl	100	80	68	64	50	42	34

Für den Ansatz eines _ _ _ _ _ _ _ _ _ _ _ _ _ _ Wachstums mit $f(x) = c \cdot a^x$ liefert der GTR die Werte

c = ______ und a = ______ (auf 2 Dezimalen).

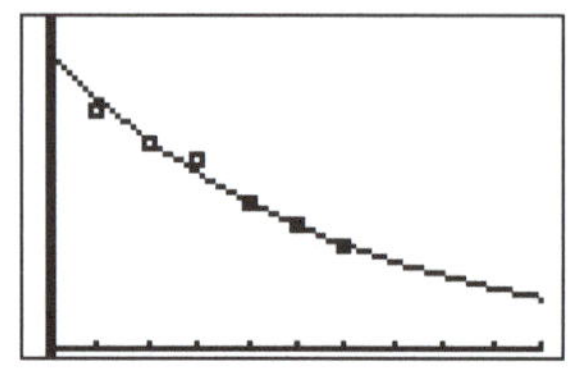

Der grafische Vergleich zeigt: Die zeitliche Entwicklung wird durch die

_ _ _ _ _ _ _ _ _ _ _ _ _

Regression gut modelliert.

Modellieren von periodischen Vorgängen

Periodische Vorgänge lassen sich mit der Funktionsgleichung $f(x) = a\sin(bx) + d$ modellieren.
Kennt man das Maximum der zu beschreibenden Größe y_{max}, das Minimum y_{min} sowie die Periode p, so kann man die Parameter a, b und d bestimmen:

$d = \frac{y_{max} + y_{min}}{2}$ ist die Verschiebung in ___-Richtung.

Aus der _ _ _ _ _ _ _ p ergibt sich $b = \frac{2\pi}{p}$.

$a = \frac{y_{max} - y_{min}}{2}$ ist die _ _ _ _ _ _ _ _ _ .

Der Mittelwert d wird als Funktionswert für x = ___ festgesetzt. Die anderen x-Werte werden angepasst.

■ In der Tabelle ist der Sonnenaufgang (MEZ) in Stuttgart zu Beginn der Jahreszeiten aufgelistet.

Datum	20.03.12	21.06.12	22.09.12	21.12.12
Uhrzeit	06:25 Uhr	04:20 Uhr	06:10 Uhr	08:14 Uhr

Für eine Modellierung rechnet man dies um:

Tag nach 22.09.12	− 186		0	
Minuten nach 00:00 Uhr	385			

y_{max} = ________ ; y_{min} = ________ ; p = ________

$d = \frac{y_{max} + y_{min}}{2}$ = ________ ; $b = \frac{2\pi}{p} \approx$ ________

$a = \frac{y_{max} - y_{min}}{2}$ = ________

Modellierungsfunktion:

f(x) = ____________________________

Modellieren von Bewegungen mit Vektoren

Eine geradlinige Bewegung mit konstanter Geschwindigkeit kann mithilfe von _ _ _ _ _ _ _ _ modelliert werden: $\vec{x} = \vec{p} + t \cdot \vec{u}$.

Der Vektor $\vec{u}$ gibt die _ _ _ _ _ _ _ _ _ _ _ _ _ _ _ pro gewählter Zeiteinheit und t die _ _ _ _ an.
Der Vektor $\vec{p}$ gibt den Startpunkt (t = 0) an.
Mit der Geradengleichung kann man die zugehörige _ _ _ _ _ _ _ _ zu einer beliebigen Zeit berechnen.

■ Eine Spidercam bewegt sich geradlinig und mit konstanter Geschwindigkeit über einer Sportarena in gleichbleibender Höhe. Zum Zeitpunkt t = 0 (Sekunden) befindet sie sich über dem Ort (2 | 3) (Längenangaben in Metern). Nach einer Sekunde ist sie oberhalb (4 | 4,5).
Die geradlinige Bewegung kann modelliert werden durch die Gerade $\vec{x} = \begin{pmatrix} \square \\ \square \end{pmatrix} + t \cdot \begin{pmatrix} \square \\ \square \end{pmatrix}$.

Zum Zeitpunkt t = 5 befindet sich die Spidercam über dem Ort (____ | ____).

1 Berechne $f'(x_0)$ mithilfe des Differenzenquotienten.

$f(x) = \frac{4}{x}$; $x_0 = 2$

$f'(\_\_\_\_) = \_\_\_\_$

2 Bestimme die Gleichung der Tangente t an den Graphen der Funktion f im Punkt P.

$f(x) = \frac{1}{3}x^3 - x^2$; $P(2\,|\,f(2))$

Die Tangente t hat die Gleichung $y = \_\_\_\_\_\_\_\_$.

3 Ordne den Graphen A, B, C, D die Graphen der zugehörigen Ableitungsfunktion zu.

A
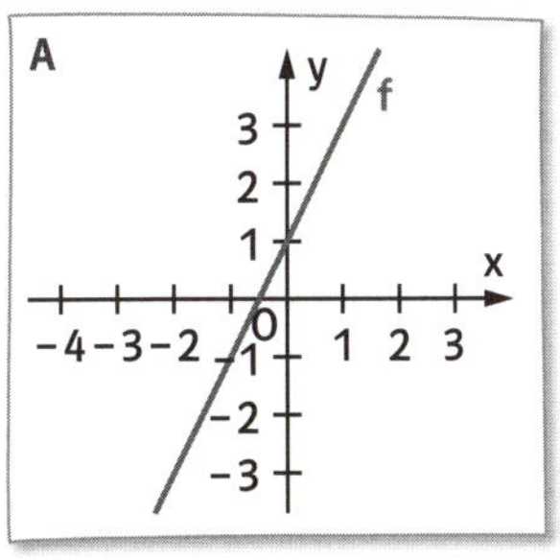

B
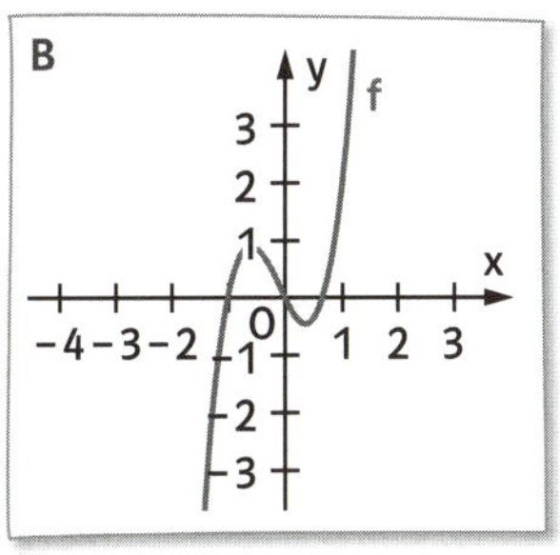

C
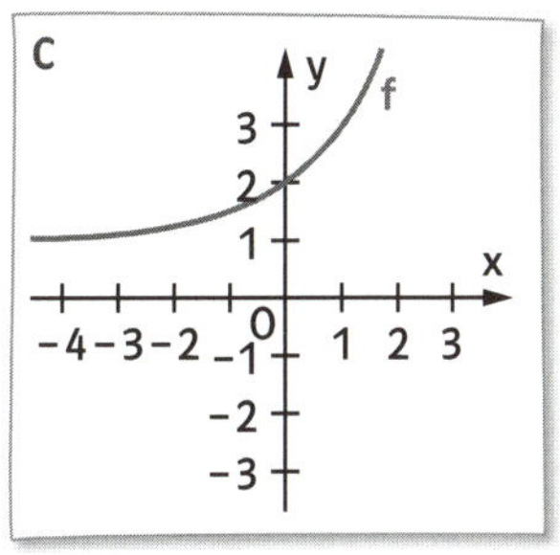

D
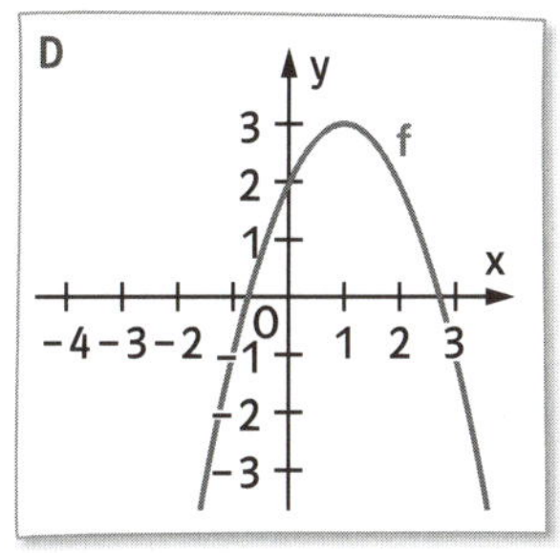

1
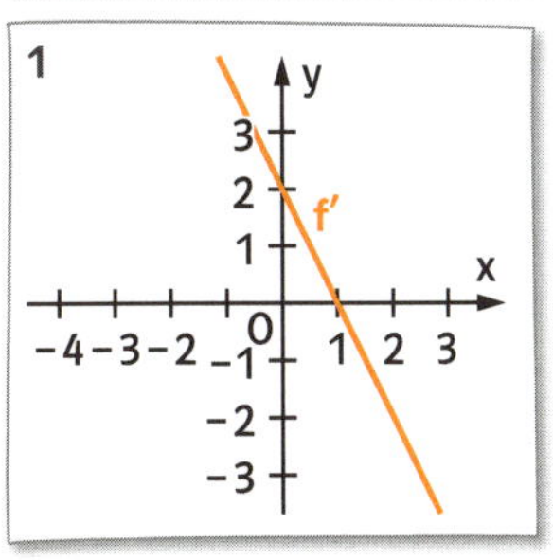

2
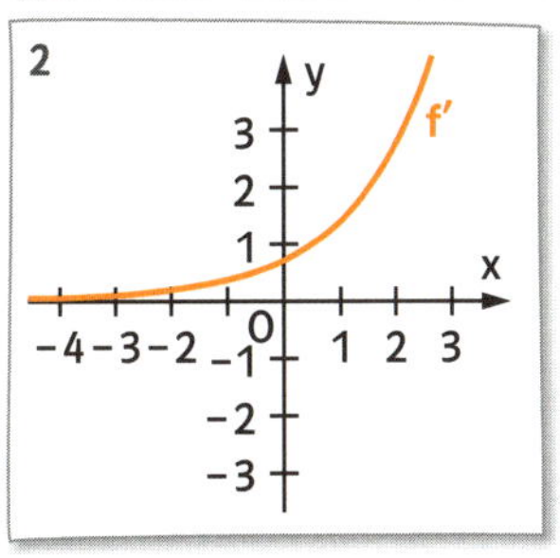

3
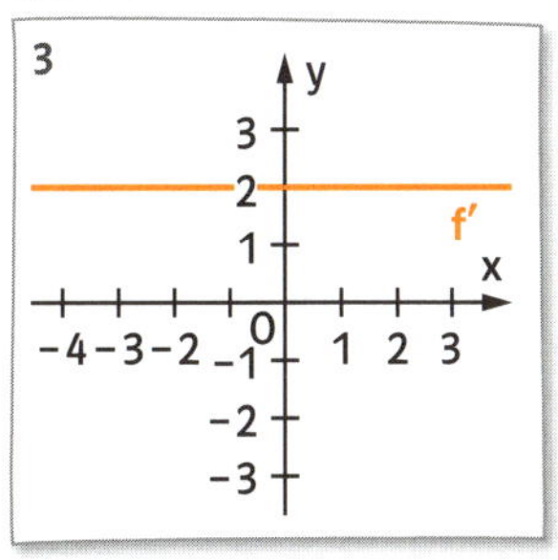

4
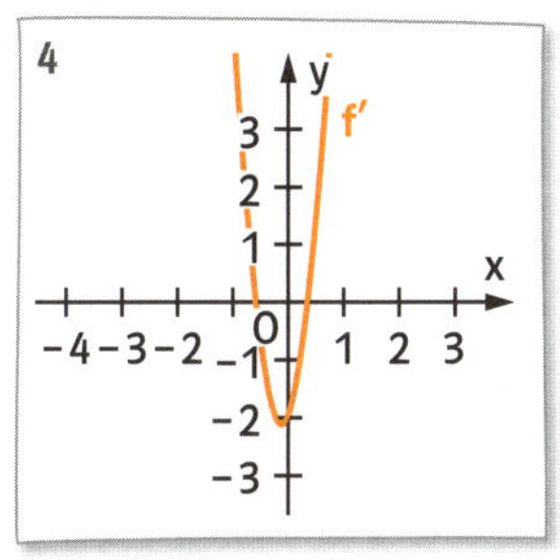

4 Welche zwei Zahlen mit der Differenz 5 haben das kleinste Produkt?

Die gesuchten Zahlen sind ______ und ______.

5 Ergänze die fehlenden Koordinaten so, dass die Punkte auf der Geraden $g: \vec{x} = \begin{pmatrix} 4 \\ -2 \\ 1 \end{pmatrix} + r \cdot \begin{pmatrix} 2 \\ 4 \\ -3 \end{pmatrix}$ liegen.

A(6 | ___ | ___)   B(___ | ___ | 4)   C(___ | 0 | ___)   D(___ | −10 | ___)   E(___ | ___ | −8)   F(3 | ___ | ___)

6 Zeige, dass die Geraden nicht parallel sind.

$g: \vec{x} = \begin{pmatrix} -2 \\ 6 \\ 7 \end{pmatrix} + r \begin{pmatrix} 4 \\ -1 \\ -5 \end{pmatrix}$, $h: \vec{x} = \begin{pmatrix} 2 \\ 5 \\ 2 \end{pmatrix} + s \begin{pmatrix} -2 \\ 0{,}5 \\ 2{,}5 \end{pmatrix}$

7 Überprüfe, ob die Geraden zueinander windschief sind oder sich schneiden. Bestimme gegebenenfalls den Schnittpunkt.

$g: \vec{x} = \begin{pmatrix} 3 \\ 2 \\ 2 \end{pmatrix} + r \begin{pmatrix} -2 \\ 0 \\ -1 \end{pmatrix}$, $h: \vec{x} = \begin{pmatrix} 2 \\ 3 \\ 4 \end{pmatrix} + s \begin{pmatrix} 0 \\ 1 \\ -1 \end{pmatrix}$

Die Geraden g und h ______________________.

8 Bestimme alle Stellen, für die die Funktion f den Funktionswert 5 annimmt.

$f(x) = x^5 - x^3 + 5$

9 Der Graph von f soll um a Einheiten nach rechts und um b Einheiten nach oben verschoben werden. Gib die zugehörige Funktionsgleichung an.

$f(x) = 2x^2;\ a = 2;\ b = 1$

10 Je zwei Funktionsgleichungen und ein Graph gehören zusammen. Ordne zu.

$f(x) = 0{,}5 \cdot \sin(\pi x)$ $g(x) = 2 \cdot \sin(4x)$ $h(x) = 2 \cdot \sin(2x) + 2$

$i(x) = 0{,}5 \cdot \cos\left(\pi x - \frac{\pi}{2}\right)$ $j(x) = -2 \cdot \cos\left(2x + \frac{\pi}{2}\right) + 2$ $k(x) = 2 \cdot \cos\left(4x + \frac{3}{2}\pi\right)$

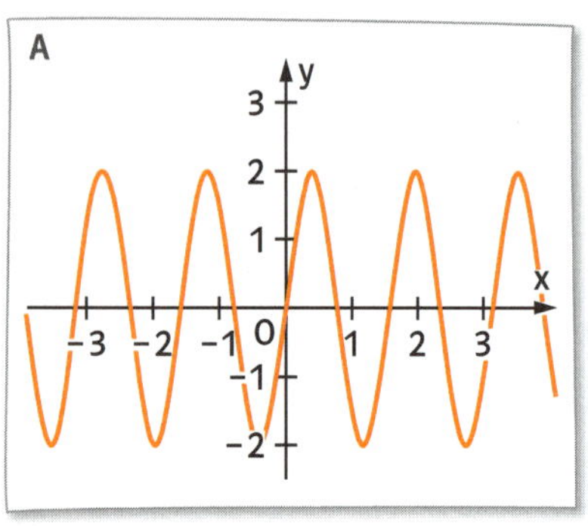

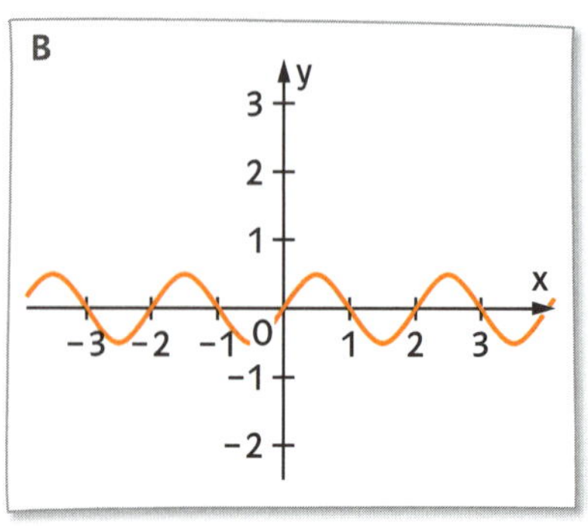

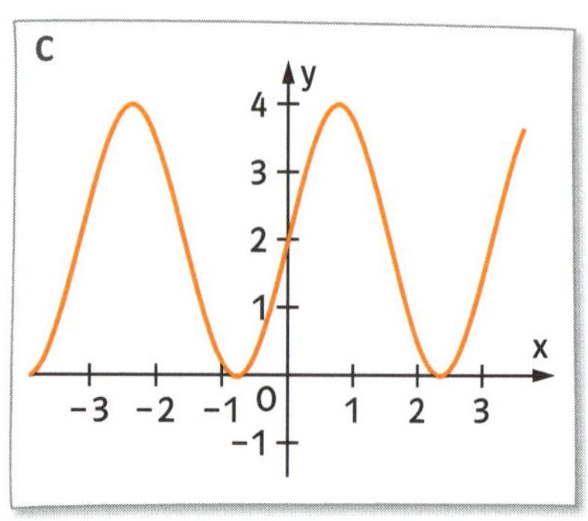

11 Die Zufallsvariable X steht für die Auszahlung a in Euro bei einem Glücksspiel mit dem Einsatz 2 Euro.

Auszahlung a	0	1	3	10
P(X = a)	0,4	0,3	0,25	0,05

a) Berechne den Erwartungswert von X.

E(X) = ______________________

b) Das Spiel wäre fair, wenn der Einsatz ______ Euro betragen würde oder wenn man bei unverändertem Einsatz die maximale Auszahlung von 10 Euro auf ______ Euro erhöhen würde.

12 Die Zufallsvariable X ist binomialverteilt mit den Parametern $n = 15$ und $p = 0{,}8$. Berechne.

a) $P(X = 12)$ = ______________________

b) $P(X \leqq 12)$ = ______________________

c) $P(X \geqq 12)$ = ______________________

13 Wie viele Möglichkeiten gibt es, bei einer Bernoulli-Kette der Länge 5 genau 3 Treffer zu erzielen? Notiere alle Möglichkeiten.

TTTNN, ______________________

14 Bestimme für die Binomialverteilung die Parameter n und p.

Da das Säulendiagramm symmetrisch ist, gilt

p = ________ .

Da der Erwartungswert E(X) = ______ ist, gilt

n = ________ .

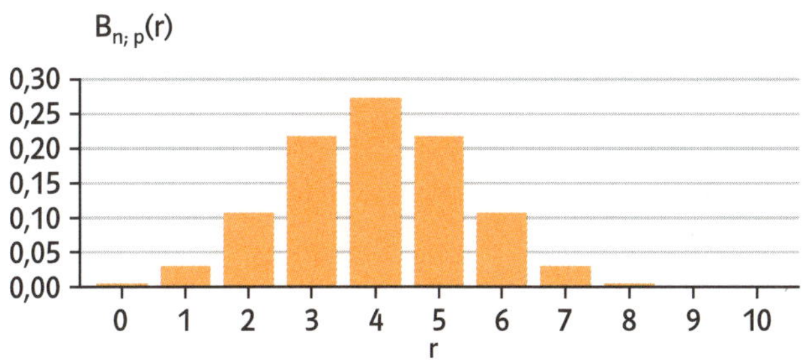

15 Markus trifft beim Basketball erfahrungsgemäß 30 % aller Freiwürfe. Er wirft 20-mal.

a) Mit welcher Wahrscheinlichkeit landet er genau 5 Treffer? ______________________

b) Mit welcher Wahrscheinlichkeit landet er mindestens 8 Treffer? ______________________

c) Mit welcher Wahrscheinlichkeit landet er mindestens 3 und höchstens 8 Treffer? ______________________

16 Entscheide, welches Wachstumsmodell die Messreihe angemessen beschreibt, und notiere die Funktionsgleichung. Prognostiziere den fehlenden Wert.

1	2	3	4
1	2,0	4,0	

☐ linear ☐ exponentiell

f(x) = ______________

2	5	8	10
101	82	60	

☐ linear ☐ exponentiell

f(x) = ______________

1	2	4	8
	4	15	255

☐ linear ☐ exponentiell

f(x) = ______________

2	3	5	6
1,2	1,3		1,8

☐ linear ☐ exponentiell

f(x) = ______________

17 Bestimme eine geeignete Funktion, die zur Datenreihe und zum Graphen passt:

f(x) = ______________________

x	0	1	2	3	4	5	6	7	8	9	10	11	12
y	1,5	3,0	1,7	0,0	1,1	2,9	2,1	0,2	0,7	2,7	2,5	0,4	0,4

Periode $p \approx$ ______ ; also $b = \frac{2\pi}{p} \approx$ ______ .

Verschiebung in y-Richtung: $d = \frac{y_{max} + y_{min}}{2} = \frac{}{2} =$ ______

Amplitude: $a = \frac{y_{max} - y_{min}}{2} = \frac{}{2} =$ ______

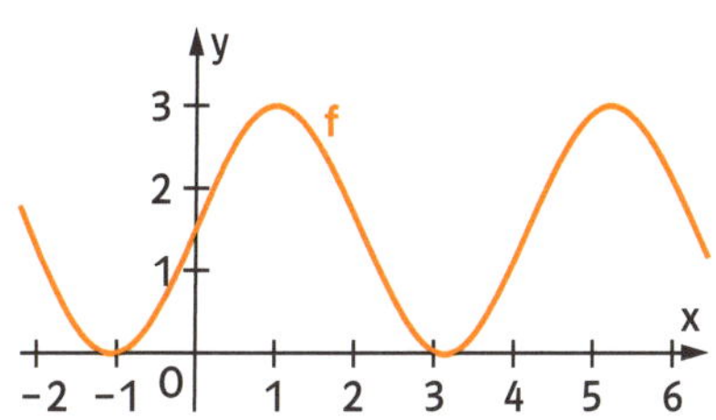

Die Seitenangaben in Schwarz verweisen auf die Lerneinheit, die in Orange auf den Merkzettel.